# Fachwissen Technische Akustik

Diese Reihe behandelt die physikalischen und physiologischen Grundlagen der Technischen Akustik, Probleme der Maschinen- und Raumakustik sowie die akustische Messtechnik. Vorgestellt werden die in der Technischen Akustik nutzbaren numerischen Methoden einschließlich der Normen und Richtlinien, die bei der täglichen Arbeit auf diesen Gebieten benötigt werden.

Weitere Bände in der Reihe http://www.springer.com/series/15809

Michael Möser

(Hrsg.)

# Wandler für Luftschallmessungen

*Herausgeber*
Michael Möser
Institut für Technische Akustik
Technische Universität Berlin
Berlin, Deutschland

ISSN 2522-8080          ISSN 2522-8099   (electronic)
Fachwissen Technische Akustik
ISBN 978-3-662-57914-5          ISBN 978-3-662-57915-2   (eBook)
https://doi.org/10.1007/978-3-662-57915-2

Die Deutsche Nationalbibliothek verzeichnet diese Publikation in der Deutschen Nationalbi-
bliografie; detaillierte bibliografische Daten sind im Internet über http://dnb.d-nb.de abrufbar.

Springer Vieweg
© Springer-Verlag GmbH Deutschland, ein Teil von Springer Nature 2018



Springer Vieweg ist ein Imprint der eingetragenen Gesellschaft Springer-Verlag GmbH, DE
und ist ein Teil von Springer Nature
Die Anschrift der Gesellschaft ist: Heidelberger Platz 3, 14197 Berlin, Germany

# Inhaltsverzeichnis

# Autorenverzeichnis

**Dr.-Ing. Erhard Werner** Hademstorf, Deutschland

# Wandler für Luftschallmessungen

Erhard Werner


**Zusammenfassung**

Luftschall überstreicht weite Bereiche vom Infraschall über den menschlichen Hörbereich bis zum Ultraschall. Alle werden intensiv technisch oder medizinisch genutzt. Voraussetzung dafür ist die Kenntnis seiner Eigenschaften, im wesentlichen der zeitliche und räumliche Verlauf der Druckänderungen im Schallfeld. Für die Wandlung der Schallparameter in registrierbare Werte stehen verschiedene Möglichkeiten zur Verfügung. Meist wird ein elektrisches Abbild über Mikrofone genutzt. Je nach erforderlicher Genauigkeit werden Konstruktionen auf unterschiedlicher Basis verwendet. Dieser Band ist eine Überarbeitung des gleichnamigen Kapitels aus dem Buch „Messtechnik der Akustik" und befasst sich mit den Eigenschaften und Möglichkeiten der verschiedenen Lösungen, den damit verbundenen Grenzen der Schallgrößenerfassung sowie einem Ausblick auf zukünftige Entwicklungen.


Die weitaus größte Anzahl der vielen Milliarden weltweit verwendeter Mikrofone dient der Umsetzung von Sprache oder Musik in elektrische Signale, sei es für Telefonzwecke, zur Beschallung größerer Auditorien oder zur Speicherung für spätere Wiedergabe oder Bearbeitung. Nur wenige genügen den strengen Anforderungen für Normalien [1] oder für andere spezifizierte Messaufnehmer. Sie können aber für Überwachungen und ähnliche Zwecke auch brauchbare Werte liefern. Aufgrund der Herstellung in großen Serien sind sie deutlich kostengünstiger als eng spezifizierte Spezialmikrofone. Die Kenntnis der bestehenden Grenzen und der möglichen Erweiterungen der Leistungsfähigkeit von Mikrofonen für den Allgemeingebrauch [2] lässt auch die Abschätzung auf eine Verwendbarkeit für messtechnische Aufgaben zu. Aus diesem Grund werden in diesem Band auch Mikrofone aus Serienfertigung mit ihren Daten vorgestellt.

## 1  Luftschall als Phänomen und Untersuchungsobjekt

Als physikalischer Reiz für den Gehörsinn spielt Luftschall eine so herausragende Rolle, dass sich die Menschen schon in einer Zeit ihre Gedanken darüber gemacht haben dürften, als sie über Höhlenmalereien hinaus keine dauerhaften Dokumentationen hinterlassen konnten. Der Weg von der Urzeit bis zu den heutigen Möglichkeiten der Messtechnik und Datenverarbeitung ist insbesondere an Leistungen einzelner herausragender Denker und Wissenschaftler


E. Werner (✉)
Hademstorf, Deutschland



© Springer-Verlag GmbH Deutschland, ein Teil von Springer Nature 2018
M. Möser (Hrsg.), *Wandler für Luftschallmessungen,* Fachwissen Technische Akustik,
https://doi.org/10.1007/978-3-662-57915-2_1

gebunden. Aus frühen Vermutungen zu Art und Verarbeitung des Schalls wurden weit später Hypothesen und Theorien, die mit der Entwicklung der Messtechnik erst in jüngster Zeit zu überprüften Erkenntnissen aus vielen wissenschaftlichen Untersuchungen führten.

Die technische Umsetzung von Sprache, Musik und Geräuschen in elektrische Signale zur Information und Kommunikation sowie für Übertragungen und Aufzeichnungen ist nur etwas mehr als 100 Jahre alt und immer noch in ständiger Weiterentwicklung.

Über den Umfang der menschlichen Gehörleistung hinaus erstreckt sich die Beschäftigung mit Luftschall heute weit in den Infraschall- und den Ultraschallbereich und in Signalstärken weit unterhalb der menschlichen Hörschwelle und oberhalb der Schmerzgrenze. Diese Ausweitung erfasst die akustischen Signale anderer Lebewesen, technischer oder natürlicher Schallquellen und auch die gezielte Anwendung hoher Schalldrücke für technische und medizinische Zwecke.

Der menschliche Hörsinn erstreckt sich über viele Stationen von der Schallaufnahme bis zur akustischen Empfindung. Für jedes Element dieser Kette gibt es inzwischen eine Vielzahl von technischen Nachbildungen. Je nach den gewählten Schnittstellen geht dabei die Ähnlichkeit zum biologischen Ausgangsobjekt mehr oder weniger verloren. Die folgenden Abschnitte dieses Kapitels beschränken sich auf den Übergang von Luftschall in ein elektrisches Ausgangssignal. Im Vergleich zum menschlichen Gehör entspricht diese Stufe – allerdings mit einer Reihe von bedeutsamen Zugeständnissen und Abweichungen – dem Signalweg vom Außenohr bis zum Ausgang des Gehörnervs.

## 1.1 Schallquellen

Schall von unbelebten Naturquellen ist besonders von geologischen Vorgängen (Erdbeben, Meteoriteneinschlag) und Wetterereignissen (Donner) bekannt. Zur gezielten Erzeugung durch Lebewesen stehen neben den Sprachorganen unzählige Hilfsmittel natürlichen und technisch geschaffenen Ursprungs zur Verfügung. Für die Charakterisierung des Schalls werden überwiegend Begriffe verwendet, die sich am Hörvermögen des Menschen orientieren. Daher werden Frequenzen unterhalb 16 Hz als Infraschall und solche oberhalb 16 kHz als Ultraschall bezeichnet. Beispiele für den Spektralumfang einiger Schallquellen aus der extrem großen Vielfalt zeigt Abb. 1.

Viele dieser Quellen gliedern sich in individuelle Varianten mit unterschiedlichen Grenzen auf. Je nach den Ausbreitungsbedingungen werden auch Amplitude und Phase der Komponenten im Signalspektrum ortsabhängig. Das Hörvermögen vieler Lebewesen geht zudem oft über den Spektralbereich ihrer Schallerzeugung hinaus.

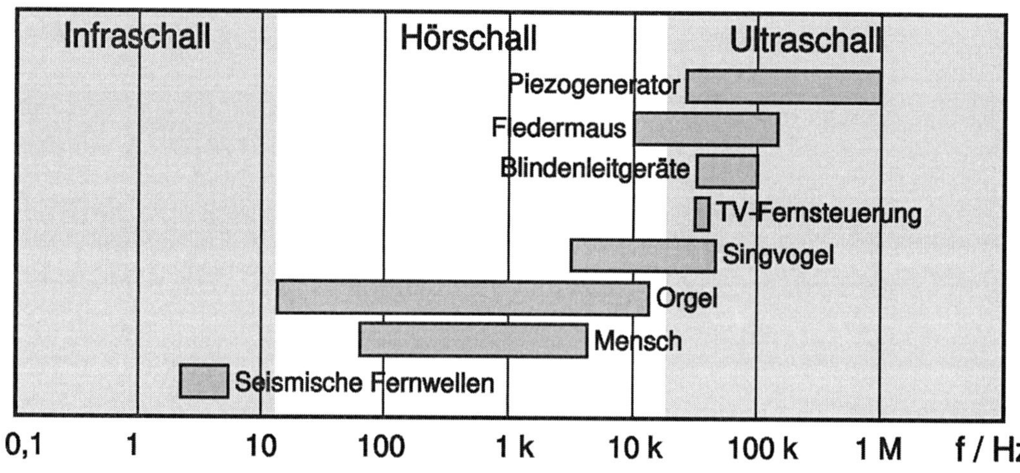


**Abb. 1** Spektralbereich einiger Luftschallquellen

Eine Unterscheidung nach dem Signaltyp ist für die Auswahl von Sensoren ebenfalls von Bedeutung. Geräusche mit unharmonischen und unperiodischen Spektren treten häufig als Begleiterscheinung von physikalischen Ereignissen wie Explosionen, Einstürzen oder Vulkanausbrüchen auf. Schall mit harmonischen Spektren als Darbietungsform wird dagegen überwiegend beabsichtigt und möglichst ohne Nebensignale erzeugt (Musik, Sprechtheater), die ohnehin zur eigentlichen Aufgabe nicht beitragen. Über die einseitig gerichtete Darbietung hinaus dient schließlich die Erzeugung von Schallsignalen der – mindestens – bidirektionalen Kommunikation.

Starken Einfluss auf die Anforderungen an Luftschallwandler hat die Stärke des Schallsignals, die als Hörereignis meist als Lautstärke angegeben, außerhalb dieses Bezugs jedoch besser mit dem Schalldruck beschrieben wird. Abb. 2 zeigt einige Beispiele für den Bereich des menschlichen Gehörs von der Hörschwelle bis zur Schmerzgrenze mit Ergänzungen unterhalb und oberhalb dieser Pegel. Die Entfernungsabhängigkeit des Schalldrucks von der Quelle erfordert Angaben zum Messabstand und – bei unsymmetrischen Quellen – auch zur Ausrichtung.

Ähnlich viele Varianten wie das Zeitsignal oder der spektrale Inhalt bietet auch die Geometrie der Schallquelle. Das Sirren einer Mücke kommt aus einem sehr kleinen Volumen, während die abstrahlende Oberfläche eines Kontrabasses eine Fülle unterschiedlicher akustischer Daten liefert. An einem einzigen Punkt aufgenommene Schallsignale lassen in solch einem Fall nicht einmal eine ausreichende akustische Beschreibung in seiner näheren Umgebung zu.

Die Verschiedenartigkeit der interessierenden Signale kann genauer durch gezielte Auswahl der Sensoreigenschaften erfasst werden. Da die Anforderungen je nach dem Ziel der Messung stark variieren, sind im allgemeinen universell einsetzbare Sensoren nicht verfügbar.

## 1.2 Schallfelder

Die Grundgrößen Schalldruck und Schallschnelle an einem beliebigen Ort im Schallfeld hängen von den Eigenschaften der Quelle und denen des Raumes ab. Wegen der äußerst komplexen Geometrie der meisten Quellen und der dadurch ungleichförmigen Verteilung der Schallerzeugung wird ihre Beschreibung vorzugsweise auf einfache Grundformen und Summen daraus zurückgeführt.

Zwei bevorzugte Grundformen sind die in der Ebene gleichförmig angeregte Schallwand und

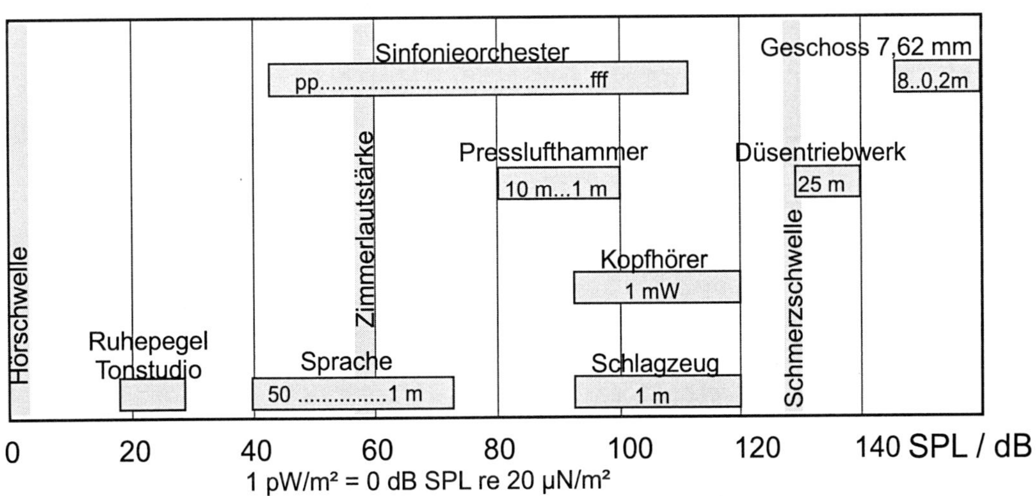


**Abb. 2** Schalldruck einiger Luftschallquellen

die Punktschallquelle. Die von der Schallwand ausgehende ebene Welle wird überwiegend zur Beschreibung der Übertragungsfunktion von Mikrofonen herangezogen, zumal sie auch hinreichend mit dem Schallfeld der Kugelschallquelle bei größerer Entfernung des Messortes vom Quellenort übereinstimmt.

Wenn Begrenzungen des Raumes oder darin enthaltene Objekte eine freie Ausbreitung im homogenen Medium verhindern, verändert sich das Schallfeld in vielfältiger Weise. Für die theoretische Bestimmung dieser Änderungen stehen inzwischen verschiedene Rechenprogramme zur Verfügung, die mit den heutigen schnellen Rechnern auch komplexe Strukturen verarbeiten können. Die Programme beruhen auf unterschiedlichen Ansätzen und liefern je nach Vorgabe und Rechenaufwand hinreichende Übereinstimmung mit gemessenen Vergleichswerten.

Neben den beiden genannten Basisschallfeldern mit freier Schallausbreitung steht mit dem Diffusfeld ein Sonderfall für den reflektierenden Raum zur Verfügung, auf den sich ebenfalls einige Auswertungen stützen.

## 1.3     Signalgrößen und Bereiche

Für die Beschreibung des Schalles an einem Messort genügen die beiden Größen Druck und Schnelle. Dennoch listet allein der Anfangsabschnitt über akustische Grundgrößen aus dem Kap. 801 des elektrotechnischen Wörterbuchs [3] fast 50 Begriffe auf. Nur einige davon sind direkt mit geeigneten Sensoren messbar. Die zusätzliche Vielfalt entsteht insbesondere bei der Beschreibung des zeitlichen und räumlichen Verlaufs der Schallgrößen sowie durch Leistungs- und Energiedaten. Solche Daten werden überwiegend aus den beiden Grundgrößen berechnet.

Zur Beschreibung der Signale stehen alle gängigen Funktionen im Zeit- oder Frequenzbereich zur Verfügung. Die Geometrie der Quelle und des umgebenden Raumes bestimmt das vorzugsweise zu verwendende Koordinatensystem. Der zeitliche Verlauf gibt vor, ob Beschreibungen im Zeitbereich sinnvoll sind

oder ob Transformationen, meist als Spektrum im Frequenzbereich, vorzuziehen sind. Darüber hinaus stehen stochastische Methoden beispielsweise für Rauschsignale zur Verfügung.

Die nachstehende Auswahl umfasst die Basisgrößen und einige der daraus abgeleiteten Größen, soweit diese häufiger benötigt und gegebenenfalls von erhältlichen Messeinrichtungen mit integrierter Datenverarbeitung ermittelt werden.

### 1.3.1 Schalldruck

Die weitaus größte Anzahl akustischer Untersuchungen im Schallfeld basiert auf Messungen des Schalldrucks über die mit ihm verbundene Kraftwirkung auf eine Fläche bekannter Größe. In der genormten Definition für den Augenblickswert wird die Differenz zwischen dem Gesamtdruck in einem Punkt und dem dort herrschenden statischen Druck genannt [3, 801-01-19]. Für viele Anwendungen wird nicht der Augenblickswert, sondern der Effektivwert über ein bestimmtes Zeitintervall angegeben und allgemein als Schalldruck bezeichnet [3, 801-01-20]. Der Wert von 1 Pa ($1\,\mathrm{Pa} = 1\,\mathrm{N/m^2}$) liegt im logarithmischen Pegelmaß um 94 dB über der definierten menschlichen Hörschwelle ($20\,\mu\mathrm{Pa}$ bzw. 0 dB).

Signale unterhalb der Hörschwelle von extrem entfernten oder energetisch schwachen Quellen erfordern Messeinrichtungen hoher Selektivität, um nicht durch Fremdgeräusche verdeckt zu werden. Im Hochpegelbereich allerdings werden Schalldrücke oberhalb der Schmerzgrenze des Gehörs von etwa 120 dB bereits durch Silvester-Feuerwerkskörper in unmittelbarer Nähe des Kopfes erzeugt. Messungen bei hohen Schalldrücken sind unter anderem notwendig für die Beurteilung von Gehörschutzeinrichtungen.

### 1.3.2 Schallschnelle

Ersetzt man im NEWTONschen Kraftgesetz

$$F = m \cdot a \qquad \text{(Gl. 1)}$$

die Masse $m$ durch das Produkt aus Dichte $\rho$ und Volumen eines differenziellen Luftbereichs der Fläche $dA$ und Dicke $dx$, die Kraft durch das Produkt aus Druckdifferenz und Fläche und die Beschleunigung *a* durch die Ableitung der Schnelle *v* nach der Zeit, so erhält man nach Umstellung und Integration über die Zeit daraus die nach EULER benannte Gleichung

$$v = - \int \frac{1}{\rho} \frac{\partial p}{\partial x} \, dt \qquad \text{(Gl. 2)}$$

Sie zeigt, dass über die Druckdifferenz die Schnellekomponente in Messrichtung berechnet werden kann. Der Größtwert in Richtung des Druckgradienten kann entweder über ein Suchverfahren oder über die Messung in ausreichend vielen Koordinaten bestimmt werden. Auf dieser Differenzmessung basieren die meisten Sensoren zur Schnellebestimmung. Vom Abstand der beiden Drucksensoren hängen Messgenauigkeit und nutzbarer Frequenzbereich ab. Wandler für eine direkte Erfassung der Schnelle stehen zwar auch zur Verfügung, sind aber häufig auch nur mit Einschränkungen nutzbar.

Dem Druckbereich des Gehörumfangs im ebenen Schallfeld entspricht ein Bereich für die Schnelle von etwa 50 nm/s bis 50 mm/s! Bei derart niedrigen Werten kann daher bereits Wind mit sehr geringer Geschwindigkeit zu erheblichen akustischen Störungen führen. Auch dieser Grund spricht für die Schnellebestimmung aus der Druckdifferenz.

### 1.3.3 Schallintensität

Die Schallintensität als Produkt von Druck und Schnelle ist besonders als Zwischengröße zur Ermittlung der abgestrahlten Leistung störender Quellen von Interesse. Aktuelle Messeinrichtungen bedienen sich programmierter Verfahren, die alle notwendigen Operationen mit den Messdaten der beiden Grundgrößen zur Berechnung der Intensität durchführen.

### 1.3.4 Weitere Schallgrößen

Die Bestimmung der akustischen Leistung zur Lärmbeurteilung von Maschinen oder anderen Quellen wurde bereits erwähnt. Zur Begrenzung von Gesundheitsschäden im Bereich solcher Quellen sind Aussagen über die auf das Gehör wirkende Dosis in der Bewertung über Pegel und Einwirkungsdauer erforderlich. Für

Lärmarbeitsplätze sind Grenzen festgelegt [4], die individuell durch Dosimeter überwacht werden können.

Eine Vielzahl weiterer Größen stammt aus dem Bereich der Raum- und Bauakustik. Neben Werten, die den akustischen Eigenschaften von Materialien zugeordnet werden, sind Aussagen über das Verhalten von Räumen insbesondere für musikalische und kommunikative Anwendungen wichtig. Hier ist besonders die Nachhallzeit eine oft zur Beurteilung herangezogene Größe. Sie wird aus dem Abklingen des Schalldrucks im Raum bestimmt, der aus einer spezifizierten Messquelle beschallt wird [5].

## 2 Allgemeine Einflüsse auf das Schallfeld

Die am Ort der Messung vorliegenden Werte für die Schallfeldgrößen unterscheiden sich in einer realen Umgebung meist erheblich von denen, die sich dort bei freier Schallausbreitung einstellen würden. Wenn diese realen Werte Ziel der Messung sind und alle Einflussgrößen unverändert bleiben, sind Einzelheiten über die Beziehungen zur Schallquelle meist vernachlässigbar. Von Bedeutung wird dieser Zusammenhang aber, wenn aus den Ergebnissen einer realen Feldmessung auf diejenigen geschlossen werden soll, die bei geänderten Bedingungen zu erwarten sind. Die bereits erwähnten Rechenprogramme erlauben die Eingabe komplexer Schallquellen und akustischer sowie geometrischer Daten für die Umgebung. Die Genauigkeit des so erstellten Modells geht direkt in die Nutzbarkeit des Ergebnisses ein.

## 2.1 Einflüsse der Raumeigenschaften

Die Beschreibung der Schallfelder von Musikinstrumenten oder Lautsprechern wird meist für ungehinderte Abstrahlung im freien Raum angegeben. Diese Annahme entspricht zwar nicht den Bedingungen im tatsächlichen Einsatz, jedoch ist damit ein neutraler Vergleich der Eigenschaften möglich. Es gibt zwar auch Ansätze, einen „realen" Raum zu spezifizieren, jedoch streuen die Ergebnisse bei Wiederholungen in mehreren Räumen nach den gleichen Vorgaben weit stärker als bei Messungen im reflexionsfreien Raum.

Wände, Decke und Fußboden sowie Gegenstände innerhalb des Raumes beeinflussen das Schallfeld. Ihre Wirkungen, insbesondere im Hinblick auf Reflexion und Absorption, sind durch die Abmessungen, den Aufbau des Materials sowie dessen akustische Eigenschaften bestimmt. Selbst unauffällige Veränderungen dieser Umgebung können das akustische Ergebnis deutlich beeinflussen. So kann beispielsweise eine Orchesteraufnahme desselben Musikstücks an zwei verschiedenen Tagen trotz gleicher Leistung der Musiker verschieden klingen, wenn inzwischen eventuell ungenutzte Scheinwerfer entfernt wurden oder der Zuhörerraum unterschiedlich besetzt ist.

## 2.2 Klimatische und sonstige Einflüsse

Beim allgemeinen Einsatz von Mikrofonen sind Einflüsse der Klimabedingungen auf Schalldruck und Schallschnelle überwiegend vernachlässigbar. Wissenschaftliche Untersuchungen und damit verbundene Präzisionsmessungen müssen Druck, Temperatur und Feuchte zumindest protokollieren. Es ändern sich sowohl die Übertragungseigenschaften der Luft als auch die der im Raum vorhandenen Materialien. Wie weit die Auswirkung dieser Änderungen von Bedeutung ist, hängt von der jeweiligen Aufgabenstellung ab.

Neben den klimatischen Einflüssen sind auch Änderungen von Materialeigenschaften zu berücksichtigen, die andere Ursachen haben. Beispielsweise können Alterungseffekte chemischen oder physikalischen Ursprungs Auswirkungen auf das Schallfeld haben. Häufig liegen mehrere Gründe gleichzeitig vor, sodass deren Beitrag im Einzelnen schwer zu bestimmen ist.

## 3 Mikrofoneinfluss und Kalibrierung

## 3.1 Rückwirkung des Sensors auf das Schallfeld

Wie die Begrenzungen des Raumes oder einzelne Objekte wirkt auch das zur Aufnahme eingesetzte Mikrofon als Störkörper für das Schallfeld. Die Einflüsse solcher Störkörper auf Druck und Schnelle lassen sich am besten in möglichst einfach definierten Schallfeldern darstellen. Sowohl theoretisch als auch durch messtechnischen Nachweis sind starre Kugeln, Würfel oder Zylinder und ähnliche geometrisch gut beschreibbare Objekte schon vor der Verfügbarkeit von Digitalrechnern untersucht worden.

Alle aus der Wellenlehre bekannten Effekte wie Beugung, Streuung, Brechung oder Dämpfung können vom Störkörper ausgehen. Je nach Winkel zwischen der Wellenfront und dem „Hindernis" ergeben sich an dessen Oberfläche Überhöhungen oder Dämpfungen zwischen mehr als dem dreifachen und weniger als einem Zehntel des ursprünglichen Wertes. Ein Beispiel [6] aus der umfangreichen Literatur für einen zylindrischen Störkörper zeigt Abb. 3.

Für die Sensorfläche des Mikrofons kann näherungsweise auf die Ergebnisse für Kreisscheibe, Zylinder oder Kugel zurückgegriffen werden. Die Daten aus dem vorgenannten Bild sind allerdings nur näherungsweise gültig, da die Sensoroberfläche nicht ideal schallhart ist und sich außerdem durch die Beschallung bewegt. Dennoch kann die Wirkung des Mikrofons wie die einer Sekundärschallquelle betrachtet werden, die eine Kugelwelle vom Mikrofonstandort abstrahlt. Deren Einfluss auf das ursprüngliche Schallfeld wird bei ausreichend großem Abstand vom Mikrofon vernachlässigbar. Merkliche Beeinflussungen der Primärschallquelle sind nur bei größter Nähe zum Mikrofon und äußerst ungünstigen Verhältnissen der Abmessungen und Massen zu erwarten.

Das Wandlersystem eines Mikrofons ist in den meisten Fällen nur ein kleiner Teil der Gesamtkonstruktion. Ein akustisch durchlässiger

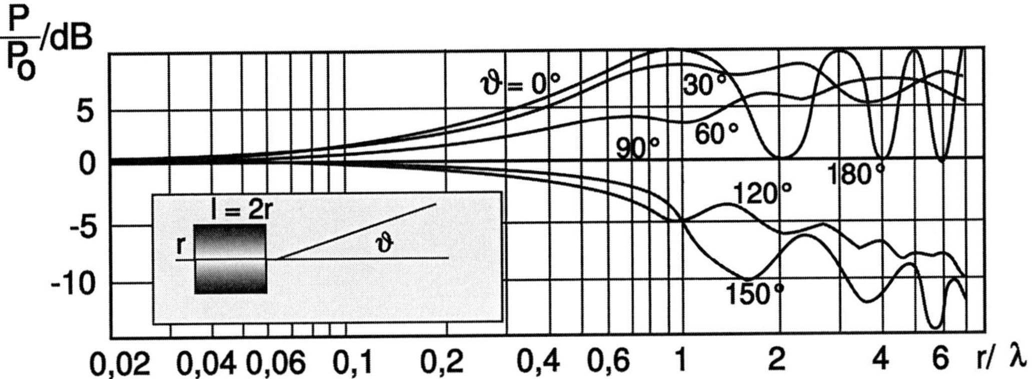


**Abb. 3** Schalldruckänderung an einem zylindrischen Hindernis. (Mit Erlaubnis unter Rückgriff auf [6], Copyright 1938, Acoustical Society of America)

Korb und ein Griff bilden eine Mindestergänzung für ein Handmikrofon. Der Einfluss all dieser Teile sowie gegebenenfalls von mit dem Mikrofon zusammen eingesetztem Zubehör (Halterungen, Windschutzkörbe usw.) geht in dessen Übertragungsverhalten ein.

### 3.2 Akustische Effekte innerhalb des Sensors

Zu den unter Abschn. 3.1 beschriebenen Effekten, die das Mikrofon in seiner Gesamtheit nach außen bewirkt, addieren sich weitere aus dem Innenbereich. Soweit sie unabhängig von der Positionierung des Mikrofons in Schallfeldern beliebiger Geometrie und Stärke sind, können diese Effekte in die Daten für das Übertragungsmaß einbezogen werden. Wenn aber eine Richtungsabhängigkeit vorliegt, gibt das Ausgangssignal keine zuverlässige Aussage über den wahren Schalldruck am Messort. Bei Richtmikrofonen kann eine solche Abhängigkeit bereits über einen zweiten Schallweg erreicht werden (vgl. Abschn. 1.5.3).

Die im Datenblatt angegebene Richtcharakteristik gilt nur für das bei deren Messung verwendete Schallfeld. Ein Rückschluss aus dem Ausgangsignal auf den Schalldruck des einwirkenden Schallfeldes ist daher nicht möglich, wenn das Schallfeld in seinen Eigenschaften und/oder die Richtung des Mikrofons

zur Schallausbreitung unbekannt sind. Die Verwendung von Richtmikrofonen zur Ermittlung von Schalldruckwerten ist daher besonders in komplexen Schallfeldern nur mit entsprechenden Absicherungen möglich. Als spezifizierte Ausnahme ist die ebenfalls als Richtmikrofon wirkende Anordnung zweier Druckkapseln zur Ermittlung der Schnellekomponente in Achsrichtung (vgl. Abschn. 1.3) zu erwähnen.

Artefakte bei der akustischen Reaktion können durch Überlagerungen von Nutzschallkomponenten von unterschiedlichen Ausbreitungswegen oder durch Signale aus fremden Quellen wie Luftströmungen, bewegten mechanischen Teilen und externen mechanischen Anregern auftreten.

Wind erzeugt im allgemeinen erst dann einen akustischen Beitrag, wenn mechanische Hindernisse zu Turbulenzen und periodischen Druckschwankungen führen. Ungünstige Ausbildung und Dimensionierung von Stützteilen in einem Mikrofon kann solchen Störschall verursachen. Einem unter solchen Bedingungen ermittelten Lautstärkewert ist nicht zu entnehmen, welcher Anteil durch den Wind hinzugefügt wurde. Mit geeigneten Schutzvorrichtungen (vgl. Abschn. 1.5.3) können diese Anteile allerdings erheblich reduziert werden.

Der Luftstoß bei Explosivlauten wie „p" oder „f" erzeugt das als „Pop" bekannte Störsignal. Auch gegen diese Artefakte sind wirksame Zusatzmaßnahmen möglich (vgl. Abschn. 1.5.3).

Namhafte Mikrofonhersteller überprüfen ihre Erzeugnisse unter anderem auch auf mechanische Störgeräusche. Jedes bewegliche Element der Konstruktion kann entweder durch Justierungsabweichungen oder übergroße Auslenkung mit anderen Bauteilen in Berührung kommen und auf diese Weise zusätzlichen Störschall erzeugen. Auch wenn eine sorgfältige Qualitätskontrolle derartige Fehler ab Werk ausschaltet, sind sie dennoch im harten Tageseinsatz möglich, z. B. durch Stoß oder Fall auf einen harten Untergrund.

Als letzter Fremdeinfluss sei hier der Körperschall genannt. Externe mechanische Anregungen können sich auf das Wandlersystem übertragen und eine Reaktion auslösen, die von einer Beschallung nicht zu unterscheiden ist. Die Wahl eines gegen Beschleunigungskräfte gering empfindlichen Wandlersystems, eine optimale Dimensionierung und Materialauswahl sowie externe Zusatzelemente (Abschn. 1.5.3) halten die Körperschallempfindlichkeit niedrig.

## 3.3     Effekte bei der Umwandlung der Schallgrößen

Die Verarbeitungsstufen von der Sensoroberfläche bis zum Kabelanschluss können nur innerhalb mikrofonspezifischer Grenzen das anregende Schallsignal korrekt in ein elektrisches Ausgangssignal abbilden. Die Ursache liegt bei den mechanischen und elektrischen Bausteinen, deren Verhalten sowohl pegel- als auch frequenzabhängig sein kann. Die Auswirkungen zeigen sich in linearen und nichtlinearen Verzerrungen sowie in Eigenstörsignalen.

### 3.3.1 Lineare Verzerrungen

Sowohl im akusto-mechanischen Teil eines Mikrofons als auch in der Umwandlung mechanischer in elektrische Größen und in zusätzlichen elektrischen Schaltkreisen sind Abhängigkeiten einzelner Parameter von der Frequenz die Ursache für Amplituden- und Phasenänderungen im Spektrum des Ausgangssignals. Da die beschreibenden Differenzialgleichungen auch für den mechanischen Teil

ein elektrisches Ersatzschaltbild ermöglichen, enthält das Gesamtschaltbild für ein Mikrofon Widerstände, Induktivitäten und Kapazitäten und gegebenenfalls auch aktive Bauelemente.

Lineare Verzerrungen können in der Audioanwendung von Mikrofonen durchaus erwünscht sein. Für messtechnische Aussagen müssen sie entweder durch nachfolgende elektrische Maßnahmen ausgeglichen oder durch rechnerische Korrektur der gemessenen Werte korrigiert werden.

### 3.3.2 Nichtlineare Verzerrungen

Zusätzlich erzeugte Signalanteile durch nichtlineare Eigenschaften sind nur selten vom Nutzanteil zu trennen. In den meisten Anwendungen können aber die Betriebsbedingungen für das Mikrofon so gewählt werden, dass die Einflüsse von Nichtlinearitäten zumindest nicht hörbar sind, auch wenn sie messtechnisch noch nachgewiesen werden können.

Mechanisch bewegte Teile eines Wandlersystems tragen häufig durch nichtlineare Federeigenschaften zu den Verzerrungen bei. Unsymmetrisches Verhalten anderer Bauteile sowie Inhomogenitäten bei elektrischen und magnetischen Feldern müssen ebenfalls berücksichtigt werden.

Die elektrische Nachverarbeitung ist beim heutigen Stand der Schaltungstechnik extrem linear möglich. Im Hinblick auf ein Optimum zwischen großem Dynamikbereich und verfügbarer Stromversorgung [7] ist jedoch auch hier eine Grenze gesetzt.

### 3.3.3 Eigenstörsignale

Von allen Eigenstörsignalen, die beim Betrieb eines Mikrofons zu verfälschten bis unbrauchbaren Ausgangswerten führen können, ist das Eigenrauschen passiver und aktiver Bauelemente eine auch für die Angabe im Datenblatt vorgesehene Größe. Bei passiven Wandlern ist im Wesentlichen auf Widerstandsrauschen zu achten, jedoch können auch mechanische Bauteile oder Quellen potenzieller Energie Beiträge liefern. Der Stromfluss in aktiven Wandlern sorgt für Rauschanteile, die besonders bei Halbleitereinsatz deutliche Unterschiede zum thermischen Rauschen aufweisen. Die angegebenen Rauschwerte können daher je nach eingesetztem Messverfahren deutliche Unterschiede aufweisen. Damit sich das Nutzsignal im geforderten Maße vom Rauschen abhebt, muss die Umwandlung des akustischen Signals mit einem ausreichend großen Übertragungsfaktor erfolgen.

## 3.4 Kalibrierung

Der vom Hersteller publizierte Frequenzgang für ein Mikrofon wird bei Mikrofonen für den Allgemeingebrauch überwiegend für die freie ebene Welle angegeben [2]. Um sicherzustellen, dass alle in Abschn. 3.1 beschriebenen Einflüsse in diesem Amplituden-Übertragungsmaß erfasst werden, muss das Schallfeld der Messanlage hinreichend dem Idealfall entsprechen. Zur Überprüfung der in der Norm genannten Bedingungen sollten Mikrofone eingesetzt werden, die den Anforderungen an Gebrauchs-Normalmikrofone [8] genügen.

Bewährte Mikrofontypen liegen bei den Schlussmessungen nach der Fertigung in ihren Technischen Daten eng beisammen. Daher findet man im allgemeinen im Datenblatt die typischen Werte. Toleranzbereiche geben Hinweise auf die möglichen Abweichungen von diesen Werten. Für besonders hochwertige Mikrofone werden häufig auch die individuellen Messergebnisse mitgeliefert, was eine Kalibrierung im weiteren Sinne (betriebsinterne Kalibrierung) darstellt.

Eine allgemein nutzbare Kalibrierung setzt den Vergleich mit rückführbaren Bezugsgrößen voraus und ist für Messmikrofone unverzichtbar. Die anwendbare Norm für Messmikrofone enthält zwei grundsätzliche Gruppen. Dabei werden die strengsten Forderungen an die Laboratoriums-Normalmikrofone gestellt [1]. Diese müssen sowohl in einer Druckkammer [9] als auch im Freifeld [10] nach dem als Reziprozitätsmethode bezeichneten Verfahren kalibrierbar sein, bei dem sie als Sender und auch als Empfänger betrieben werden.

Die Ebene unterhalb der Laboratoriums-Normalmikrofone wird durch die Gebrauchs-Normalmikrofone dargestellt. Sie bilden die Basis für Messeinrichtungen hoher Genauigkeit, mit denen wiederum akustische Messgeräte aller Art kalibriert werden können. In den Anforderungen an diese Mikrofone [8] werden verschiedene Klassen definiert. Diese unterscheiden sich hauptsächlich in der oberen Grenzfrequenz des Übertragungsbereichs. Am unteren Ende ist jeweils bei der Frequenz $f_1 = 10$ Hz eine Grenzabweichung von 2 dB gegenüber dem Übertragungsmaß bei der Referenzfrequenz $f_0$ zulässig (Abb. 4). Dieselbe Aufweitung gilt jeweils bei $f_2 = 8000$ Hz, 16.000 Hz und 32.000 Hz. Innerhalb des Bereichs von $2 f_0$ bis $0,25 f_2$ liegt die zulässige Abweichung bei nur 0,5 dB!

Anders als bei Laboratoriums-Normalmikrofonen gibt die Norm für Gebrauchs-Normalmikrofone das Wandlerprinzip nicht vor. Dem Verfasser sind aber neben Kondensatormikrofonen mit permanenter oder externer Polarisation

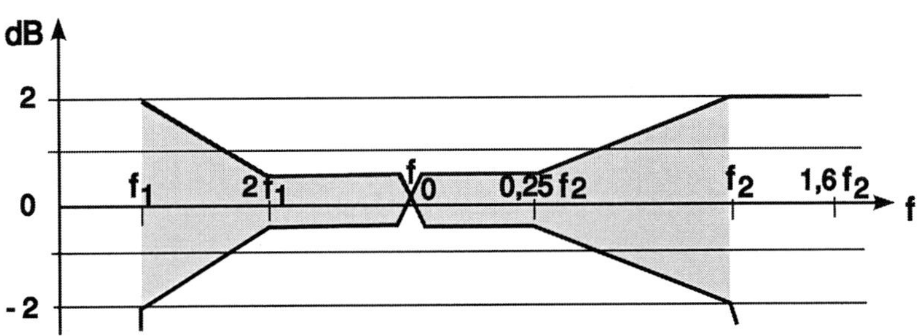


**Abb. 4** Grenzabweichungen für Gebrauchs-Normalmikrofone. (Nach [8])

keine weiteren Realisierungen bekannt. Die Kalibrierung der Gebrauchs-Normalmikrofone darf auch durch Vergleich mit einem Laboratoriums-Normalmikrofon oder mit Schallkalibratoren erfolgen.

Das Übertragungsmaß für Messmikrofone wird je nach Verwendung für Druck-, Freifeld- oder Diffusfeldbedingungen angegeben. Die Bedingungen einer Druckkammer lassen sich für Kondensatormikrofone auch durch eine elektrostatische Anregung ersetzen. Dahin gehend optimierte Messmikrofone weisen über ihren gesamten Einsatzbereich nahezu konstante Empfindlichkeit auf (Abb. 5).

Für Anwendungen im Freifeld werden die Messmikrofone auf möglichst ebenen Frequenzganz in Achsrichtung optimiert. Wegen der bereits beschriebenen Erhöhung des insgesamt wirkenden Druckes (s. Abschn. 3.1) müssen daher gegenüber dem Druckübertragungsmaß bzw. der gleichwertigen Aktuatoranregung bei höheren Frequenzen Korrekturen vorgenommen werden. Für eine große Messkapsel (trotz der international gültigen Maßeinheiten hat sich für solche Kapseln die Zollbezeichnung als Begriff gehalten) wird diese Korrektur bereits ab 1000 Hz notwendig (Abb. 6).

Die Ähnlichkeit der Kurven mit den Ergebnissen in Abb. 3 ist offensichtlich, auch wenn gegenüber dem starren Störkörper das Mikrofon mit zunehmender Frequenz stärkere Dämpfungen zeigt.

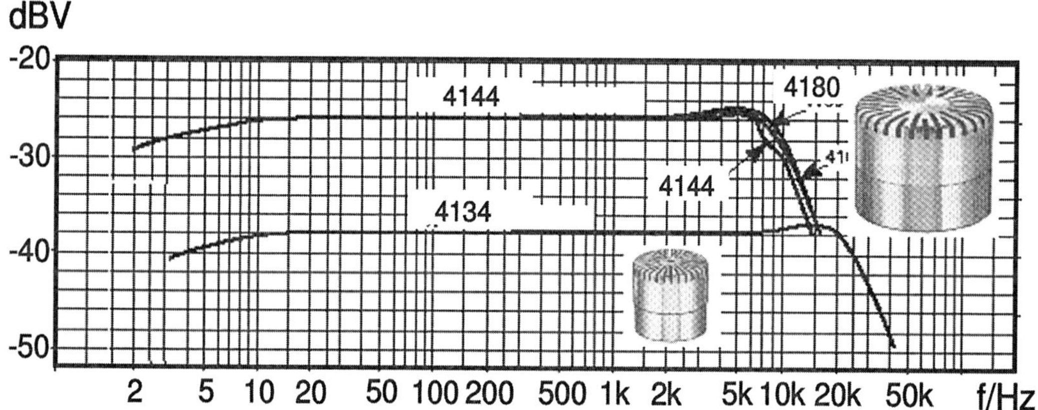


**Abb. 5** Typischer Frequenzgang von Druckmikrofonen bei elektrostatischer Anregung. (Abb. 5 und 6 nach Unterlagen und mit Genehmigung der Firma Brüel & Kjær)

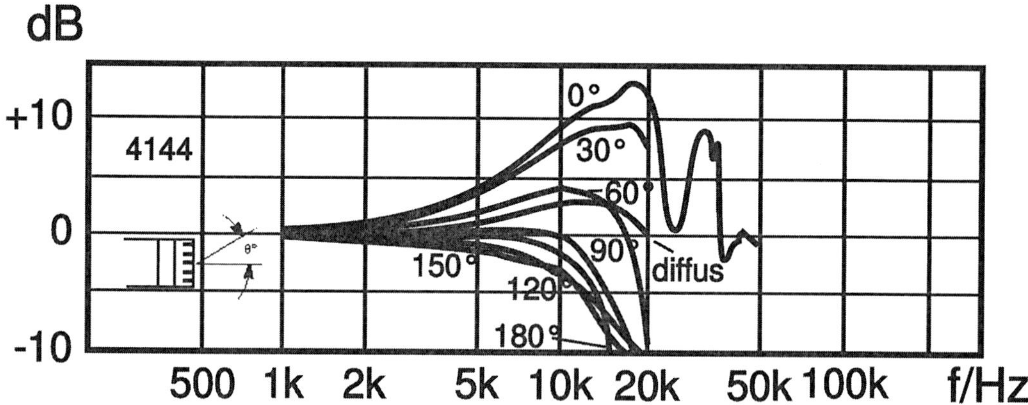


**Abb. 6** Korrekturwerte Freifeldübertragungsmaß/Aktuator. (Abb. 5 und 6 nach Unterlagen und mit Genehmigung der Firma Brüel & Kjær) (Kapsel 1)

Eine Kalibrierung aufgrund gesetzlicher Vorgaben durch eine dafür zugelassenen Einrichtung, z. B. der Physikalisch-Technischen Bundesanstalt PTB ist die Eichung. Die Eichpflichtigkeit technischer Geräte ist national und international gesetzlich geregelt [11, 12].

## 4 Anforderungen an Mikrofone

Wegen der großen Unterschiede der Signalarten kann ein Mikrofon nicht in allen Parametern Bestwerte erreichen, da manche Forderungen auch entgegengesetzt wirken. Es ist daher angebracht, zur Messung jeweils die dafür ausreichend optimierten Aufnehmer zu verwenden.

### 4.1 Messmikrofone

Während Laboratoriums- und Gebrauchs-Normalmikrofone vorwiegend zur Kalibrierung herangezogen werden, sind Messmikrofone im allgemeineren Sinn überall und in großer Stückzahl zu finden, wo akustische Daten gesammelt und archiviert werden. Wenn sie von der nachfolgenden Verarbeitungseinrichtung getrennt und an anderer Stelle eingefügt werden, muss die Schnittstelle hinreichend definiert sein. Häufig allerdings bilden die Sensoren mit dem Baustein zur Signalverarbeitung eine nicht trennbare Einheit. Dann gelten die Anforderungen für die Messeinrichtung als Ganzes.

Beispiele für die Verwendung von Messmikrofonen in akustischen Messeinrichtungen sind Schallpegelmesser, Geräuschanalysatoren, Lärmdosimeter und akustische Ortungseinrichtungen.

### 4.1.1 Mikrofone für den Audiobereich

Mit Rücksicht auf die herausragende Bedeutung für den Gesundheitsschutz gegenüber Lärm ist die größte Zahl an Messmikrofonen für Anwendungen im Audiobereich im Einsatz. Je nach Verwendung der Messergebnisse sind unterschiedliche Anforderungen zu erfüllen.

Für Schallpegelmesser sind verschiedene Genauigkeitsklassen und weitere Spezifikationen festgelegt [13, 14]. Die gemessenen Augenblickswerte bilden die Basis für weitere Signalverarbeitungen. Dazu gehören die Spektralanalyse des Schallsignals und die Bestimmung von verschiedenen Mittelungen über den Zeitverlauf sowie von Extrem- und Integralwerten mit und ohne spektrale und zeitliche Bewertungen.

Während die meisten Schallpegelmesser in größerer Entfernung von der Schallquelle verwendet werden, sind für die Kalibrierung oder Prüfung von Kopfhörern Messeinrichtungen in unmittelbarer Nähe zur Quelle spezifiziert, die weitgehend das Ohr nachbilden sollen [15] oder zumindest eine definierte Ankopplung des Kopfhörers ermöglichen [16].

Eine besondere Messaufgabe haben die in automatischen Blutdruckmessgeräten eingesetzten Mikrofone. Sie müssen die Werte beim Übergang von der akustischen Absperrung des Pulses zu seiner Hörbarkeit als systolischen Blutdruckwert und auch die untere Grenze als diastolischen Blutdruck so bestimmen wie sie mit einem üblichen Stethoskop durch Abhören ermittelt werden. Neben den beiden so ermittelbaren Blutdruckwerten liefert die Schaltungselektronik auch die Pulsfrequenz, indem sie die Periodizität des Schallsignals auswertet. Trotz der Begrenzung der Messung auf drei spezifische Werte ist eine große Genauigkeit und Wiederholbarkeit gefordert, um fehlerhafte diagnostische Schlussfolgerungen zu vermeiden. Als Medizinprodukte unterliegen auch Blutdruckmessgeräte gesetzlichen Regelungen [17, 18]. Die technischen Anforderungen sind in europaweit geltenden Normen festgelegt [19].

Im Zusammenhang mit Analysen der Schallabstrahlung von Maschinen steht die Aufgabe, Ort und Stärke des dort erzeugten Geräusches zu bestimmen. Damit sollen sowohl Fehlerquellen festgestellt als auch Änderungswirkungen beurteilt werden. Neben der hier nicht zum Thema gehörenden Körperschallkopplung zwischen Maschinenteil und Ohr waren Sondenmikrofone lange Zeit dafür im Einsatz (s. Abschn. 6.1). Damit war es möglich, die Schalleintrittsöffnung auch an schwer zugängliche Messpunkte zu bringen und die eigentlichen Wandler dennoch von gefährdenden Einflüssen fernzuhalten. Für heutige Miniaturwandler in mikromechanischer Bauweise gelten viele der damaligen Einschränkungen nicht mehr. Die mehrdimensionale Analyse von Geräuschquellen kann inzwischen durch den Einsatz von Wandlerarrays und gleichzeitiger Überlagerung eines Kamerabildes erheblich beschleunigt und aussagekräftiger gemacht werden.

### 4.1.2 Mikrofone für Infraschall

Im Frequenzbereich unterhalb des menschlichen Gehörsinns entstehen Schallwellen hoher Intensität u. a. durch seismische Ereignisse, Vulkanausbrüche oder auch durch militärische Aktionen bis hin zum Atombombentest. Aus wissenschaftlichen und politischen Gründen ist die Ortung und Registrierung solcher Ereignisse ein Grundanliegen vieler Nationen [20].

Der Frequenzgang der meisten für den Audiobereich konzipierten Mikrofone fällt unterhalb 100 Hz oder spätestens bei 20 Hz steil ab. Dieses ist entweder vom Konzept her gewollt oder durch die Eigenschaften des gewählten Prinzips bedingt. Nur für einige Wandlerarten lässt sich der Frequenzbereich durch geeignete Maßnahmen sinnvoll nach unten erweitern. Besonders dafür geeignet ist das Kondensatormikrofon in der Nieder- und Hochfrequenz-Schaltungsvariante. Die Auswertung der Kapazitätsänderung durch den Schalldruck ist grundsätzlich bis zum Frequenznullpunkt möglich, solange ausreichender mechanischer Antrieb der Membran vorhanden ist. Um Einflüsse von Änderungen des barometrischen Druckes zu vermeiden, wird jedoch auf die Einbeziehung von 0 Hz verzichtet. Durch einen definiert engen Zugang zur Rückseite der Membran kann das untere Ende des Übertragungsbereichs nach unten bis auf wenige hundertstel Hertz festgelegt werden!

Das Streben nach ständiger Verbesserung in Genauigkeit, Langzeitstabilität und Reproduzierbarkeit hat besonders bei Infraschallmikrofonen

aus wissenschaftlichen Instituten zu Varianten der Kapazitätsauswertung geführt, die von den Anbietern aus urherberrechtlichen Gründen nicht detailliert beschrieben werden.

Die anfänglichen Aufbauten mit Hitzdrahtempfängern und barometrischen Sensoren [21] wurden zwar etwa 50 Jahre verwendet und weiterentwickelt, sind jedoch dann vom leistungsfähigeren kapazitiven Verfahren verdrängt worden.

### 4.1.3 Mikrofone für Ultraschall

Die Abnahme des Schalldrucks in wachsender Entfernung von der Quelle ist nicht nur eine Folge der geometrischen Ausbreitung, sondern auch durch Absorption in der Luft bedingt. Bei konstantem Dämpfungskoeffizienten $\alpha$ ergibt sich eine exponentielle Abnahme des Schalldrucks mit dem Weg durch das Medium. Einen wesentlichen Anteil an der Dämpfung haben Kohäsionskräfte, die der Bewegung der Materie im Schallfeld entgegenwirken. Sie gehen mit dem Quadrat der Frequenz in den Exponenten ein (s. [22, S. 38]). Daher ist die Nutzung hoher Schallfrequenzen in der Luft auf relativ kurze Entfernungen beschränkt. Für die Auswertung von Echos zur Erkennung kleiner Hindernisse sind allerdings entsprechend hohe Frequenzen erforderlich. Fledermäuse nutzen die eigenen reflektierten Ultraschallsignale zur Hindernisortung im Dunkeln. Viele Tiere, die keine derartige akustische Ortung einsetzen, können dennoch weit höhere Frequenzen als der Mensch hören. Signalpfeifen im Ultraschallbereich sind Hundebesitzern als Hilfsmittel bekannt. Technisch wurde der Bereich bis etwa 40 kHz lange Zeit für die Fernsteuerung der Funktionen von Fernsehgeräten eingesetzt, bis Infrarot und Funk die akustische Technik ablösten. Eine messtechnische Anwendung findet Ultraschall zur Abstandsmessung über die Echolaufzeit bis zu etwa 30 m Entfernung.

Von verschiedenen Ansätzen mit Ultraschall als Träger für Audiosignale ist ein Verfahren geblieben, mit dem gezielte Richteffekte erreicht werden [23], Dabei werden Schalldrücke erzeugt, die im Audiobereich als gefährlich gelten. Unter anderem wegen der seit Jahrzehnten gesammelten Erfahrungen mit der Wirkung von Ultraschall weit höherer Intensität zur medizinischen Diagnostik werden die erzeugten Luftschalldrücke nicht als Risiko eingestuft. Die messtechnische Erfassung von Schallfeldern im Ultraschallbereich ist dennoch eine Daueraufgabe, um weitere Erkenntnisse zu gewinnen und Anwendungen klassifizieren zu können.

Da Ultraschall in Luft meist nicht weit oberhalb des Audiobereichs verwendet wird, eignen sich für die Messung besonders Kondensatormikrofone, die bei kleinem Membrandurchmesser und entsprechender mechanischer Spannung optimal abgestimmt werden können.

## 4.2 Mikrofone für den Allgemeingebrauch

Die weitaus größte Zahl an Mikrofonen wird nicht für Messzwecke im engeren Sinne eingesetzt, sondern für Sprache oder Musik. Das elektrische Ausgangssignal wird dann zur unmittelbaren Verarbeitung in Kommunikations- oder Beschallungsanlagen verwendet oder für spätere Nutzung aufgezeichnet. Neben den Wandlern für Sprachkommunikation [24] werden Mikrofone für den Allgemeingebrauch [2] ebenfalls millionenfach jährlich gefertigt und gekauft. Bei angepassten Anforderungen können preiswerte und dennoch zuverlässige Modelle auch für Mess- und Überwachungsaufgaben eingesetzt werden. Die Beschreibungen der verschiedenen Typen können dabei helfen, in Verbindung mit den in den Datenblättern angegebenen Eigenschaften auf die Eignung für die jeweilige Aufgabenstellung zu schließen.

## 4.3 Mikrofone für sonstige Anwendungen

Der historische Aufbau eines Telefons durch Philip Reis [25] führte zur weltweiten Einrichtung von Telefonnetzen mit in die Milliarden gehenden Stückzahlen von häuslichen und öffentlichen Sprechstellen. Die dafür benötigten Mikrofone waren viele Jahrzehnte als Kohlekapseln ausgeführt. Eine enge Spezifikation durch die meist staatlichen Organisationen sorgte für die Einhaltung der notwendigen Daten im praktischen Betrieb und für eine schnelle Austauschmöglichkeit im Schadensfälle.

Im Zuge der Zunahme elektronischer Lösungen mit integrierten Wandlern haben sich die Anforderungen stärker auf die Schnittstelle der vollständigen Geräte zum Telefonnetz verlagert. Die festen Vorgaben an den Frequenzgang des Mikrofons sind damit nur noch erforderlich, wenn ein Austausch der Wandler vorgesehen ist. Die für Wandler in Telekommunikationsanlagen international gültige Norm [24] beschreibt daher in allgemeinerer Form wichtige Kennwerte und die zur Bestimmung notwendigen Messverfahren.

In ähnlicher Weise wie im Fernsprechbereich hat sich der Mikrofoneinsatz in Hörhilfen entwickelt. Ausgehend von mehrteiligen Einrichtungen mit Kohlemikrofonen und Röhrenverstärkern war erst mit der Erfindung des Transistors und der Verwendung von magnetischen und piezoelektrischen Wandlern eine deutliche Verkleinerung möglich. Heutige Hörgeräte können mit extrem kleinen Mikrofonen auf Elektretbasis und Nutzung mikromechanischer Methoden sowie hochintegrierter Schaltkreise nahezu vollständig im Gehörgang Platz finden. Die Vielzahl von Spezifikationen und Messverfahren für diese Anwendung ist ebenfalls international in einer Grundnorm [26] und dazu gehörenden Normenteilen festgehalten.

Neben den in sehr großen Stückzahlen eingesetzten Mikrofonen für möglichst natürliche Sprach- und Musikübertragung gibt es viele weitere Anwendungen, bei denen die Eigenschaften oft zwischen Gerätehersteller und Mikrofonlieferant individuell vereinbart werden. Als abschließende Beispiele seien erwähnt die Mikrofone in beruflich genutzten Kommunikationsanlagen (z. B. für Piloten oder Rennfahrer). Bei diesen steht eine gute Verständlichkeit in stark lärmgestörter Umgebung im Vordergrund. Dabei muss der Sprecher nicht unbedingt klanglich korrekt wiedergegeben werden, wenn damit das Hauptziel besser erreicht wird, wie dieses zum Beispiel bei Kehlkopfmikrofonen der Fall ist.

## 4.4 Datengarantie

Besonders bei technischen Erzeugnissen stellt sich die Frage, mit welcher Genauigkeit die Eigenschaften angegeben werden und unter welchen Bedingungen und wie lange sie eingehalten werden. Insbesondere bei kommerzieller Nutzung und in rechtlichen Angelegenheiten ist eine garantierte Zuverlässigkeit der Daten zwingend. Das Gesetz über Einheiten im Messwesen [11] befasst sich nur mit der grundsätzlichen Zuständigkeit für die Verwendung der Einheiten und der Bestimmung der dafür erforderlichen Normalien durch die Physikalisch-Technische Bundesanstalt. Verbindliche Forderungen zur Genauigkeit und zur Gültigkeitsdauer der Daten physikalischer Messeinrichtungen sind für eichpflichtige Geräte in der Eichordnung [27] beschrieben. Unter der Vielzahl der aufgeführten Messgeräte ist der Akustikbereich mit Schallpegelmessgeräten vertreten. Die Umsetzung der Europäischen Messgeräterichtlinie [12] soll Erleichterungen für die Hersteller bringen [28], ohne jedoch die Forderungen an eichpflichtige Geräte abzuschwächen.

Für die bereits beschriebenen Normalmikrofone (s. Abschn. 3.4) wird sowohl die erlaubte Abweichung der Daten als auch die Langzeitstabilität in der Norm angegeben.

Bei den meisten industriell oder auch handwerklich hergestellten Mikrofonen entscheidet der Hersteller, welche Daten er mit von ihm gewählten Toleranzen zusichert. Im Bereich hochwertiger Erzeugnisse liegen die zugesicherten Abweichungen meist unterhalb $\pm 3$ dB, obwohl die Streuung in der Produktion oft noch deutlich geringer ist. Die mit der Einführung von HiFi-Anlagen entstandene Qualitätsnorm für Mikrofone [29] erlaubt im engeren Übertragungsbereich Abweichungen vom Sollfrequenzgang bis maximal $\pm 2{,}5$ dB. Die volle Ausnutzung dieser Toleranzen in entgegengesetzten Richtungen kann allerdings dazu führen, dass zwei Exemplare des gleichen Modells

für den Anwender nicht ohne Korrektur oder überhaupt nicht austauschbar sind. Daher müssen bei höheren Anforderungen auch verschärfte Spezifikationen erfüllt werden, sei es durch ein entsprechend angebotenes oder durch Sondervereinbarung zwischen Anbieter und Nutzer ausgemessenes und selektiertes Erzeugnis.

Die im Datenblatt angegebenen Werte gelten für festgelegte Messbedingungen. Insbesondere größere klimatische Abweichungen können diese Daten erheblich beeinflussen. Die Angabe des Betriebsbereichs gibt keine Auskunft über die zu erwartenden Änderungen, sondern garantiert nur die Funktion des Mikrofons. Abhängig vom Wandlerprinzip und der Produktqualität können die Abweichungen je nach Anwendungsfall hinnehmbar oder inakzeptabel sein. Aus naheliegenden Gründen sind Einzelheiten über das Verhalten kostengünstiger Mikrofone außerhalb der Normalbedingungen nur selten zu bekommen. Bei Qualitätserzeugnissen ist aber zumindest meist sichergestellt, dass die Änderungen reversibel sind.

Für die Langzeitstabilität der Daten steht abgesehen von den erwähnten Sonderfällen nur die Erfahrung mit Mikrofonen, die von namhaften Herstellern über Jahrzehnte gefertigt und von den Anwendern ebenso lange genutzt werden. Dabei haben sich besonders die robusten Tauchspulmikrofone ausgezeichnet.

## 5 Wandlerprinzipien

Zur Umwandlung des Schalls in ein elektrisches Signal stehen viele physikalische Effekte zur Verfügung. Aus sehr unterschiedlichen Gründen sind nur wenige davon in der mehr als einhundertjährigen Geschichte des Mikrofons zur Anwendung gekommen. Eine Auswahl bekannter Lösungen ist in Abb. 7 dargestellt.

Wegen der Vielfalt an Prinzipien und Funktionen lassen sich Mikrofone auf unterschiedlichste Weise in Gruppen zusammenfassen. Die gewählte Zusammenstellung lehnt sich an alte und häufig modifizierte Veröffentlichungen an. Die sechs genannten Zuordnungen stellen dabei nur eine der vielen Möglichkeiten dar.

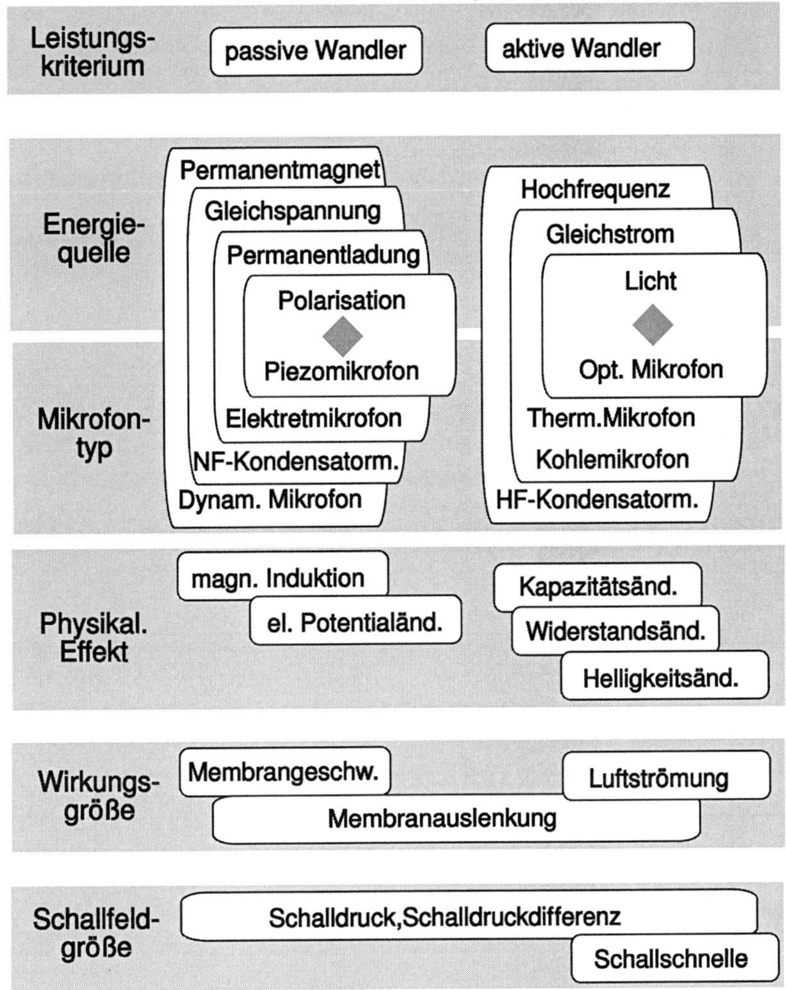


**Abb. 7** Mikrofontypen und Zuordnungsmöglichkeiten

Die oberste Gruppe bezieht sich auf die zur Wandlung erforderliche Leistung. Als passiv werden diejenigen Mikrofone bezeichnet, denen keine Leistung zur Signalwandlung zugeführt werden muss. Dabei ist der Leistungsbedarf für eine Nachverarbeitung des elektrischen Signals wie beim Kondensatormikrofon nicht einbezogen. Aktive Wandler dagegen benötigen auch für die Signalwandlung externe Leistungsquellen. Bei kleinem Leistungsbedarf sind dafür Primärzellen gut geeignet. Bei längeren Betriebszeiten sind aufladbare Zellen wirtschaftlicher oder der Anschluss an Netzgeräte und genormte zentrale Speisequellen [7].

Die Auflistung der Energiequellen in der zweiten Zuordnung berücksichtigt die Tatsache, dass auch bei passiven Mikrofonen für die Umwandlung des Schalls in ein elektrisches Signal eine Quelle für potenzielle Energie benötigt wird. Im Vergleich dazu nahmen die mechanischen Mikrofone aus der Phonographen- und frühen Schallplattenzeit die Leistung für die Arbeit des Schreibstichels aus dem Schallfeld. Permanente Energiequellen wie Dauermagnete, Elektretfolien oder Piezokristalle ersparen externes Zubehör, das auch bei theoretisch unbelastetem Ausgang zum Wandler begrenzte Nutzungsdauer hat oder eine eigene Betriebsleistung benötigt.

Aus der Art der Nutzung der Energiequellen ergeben sich die darunter dargestellten unterschiedlichen Mikrofontypen. Diese umfassen ebenfalls nicht alle bisher bekannten Möglichkeiten. Manche sind nicht auf geführt, da sie bislang ohne Bedeutung blieben und häufig nur über Patentanmeldungen oder Labormuster bekannt wurden, wie etwa die Nutzung von Tunneleffekten oder von ionisierenden Energiequellen. Dieses gilt auch für Varianten des optischen Mikrofons, bei denen die Lichtfrequenz moduliert wird. Andere wie das magnetische Mikrofon sind nicht aufgeführt, da sie schon vor Jahrzehnten durch bessere Lösungen abgelöst und damit bedeutungslos wurden. Einzelheiten zu den Mikrofontypen werden nachstehend in den entsprechenden Unterabschnitten angegeben.

In einer vierten Zuordnungsgruppe sind die physikalischen Effekte gelistet, die der Wandlung in ein elektrisches Signal zugrunde liegen und direkt mit den Hilfsenergiequellen Zusammenwirken. Wegen der überwiegend mehrstufigen Wandlung vom Schalldruck bis zum elektrischen Signal sind manche Zuordnungen wie Widerstands-, Kapazitäts- und Helligkeitsänderung auch für die nächste Gruppe vertretbar.

Diese bezeichnet die Auslöser der genannten Effekte als Wirkungsgrößen. Im Rahmen der aufgelisteten Mikrofontypen beschränken sie sich auf Membrangeschwindigkeit, Membranauslenkung und auf die Luftströmung.

Die Auflistung schließt mit der Angabe zur bestimmenden Schallfeldgröße. Druck und Druckdifferenz sind die maßgeblichen Parameter aller auf Membranverwendung basierenden Lösungen. (Genau genommen ist selbst das „Druck-" Mikrofon mit Membran ein Druckdifferenzaufnehmer, wobei allerdings der Schalldruck auf der abgewandten Seite durch stark dämpfende konstruktive Bauteile praktisch auf dem Wert Null gehalten wird und somit die Differenz stets dem frontseitigen Druck entspricht.) Mit dem Einschluss der Druckdifferenz ergibt sich auch die nicht dargestellte weitere Einteilungsmöglichkeit in Mikrofone mit und ohne Richtwirkung. Daneben ist das thermoelektrische Mikrofon der Sonderfall, für den mit der Schallschnelle eine gerichtete Schallfeldgröße den Wandlungseffekt bestimmt.

## 5.1 Wandler mit Membran

Von wenigen Ausnahmen abgesehen arbeiten alle Mikrofone in der ersten Verarbeitungsstufe mit einer Membran und ähneln damit dem menschlichen Ohr. Die Membran wird durch die auf sie wirkende Kraft aus ihrer Ruheposition ausgelenkt. Bei einseitiger Beschallung ist diese Kraft am größten. Sie verschwindet, wenn die Membran im Schallfeld von beiden Seiten dem gleichen Druck ausgesetzt ist. Eine identische Bewegung der Membran mit der Luftpartikelbewegung scheidet wegen der Dichteunterschiede und der konstruktiven Möglichkeiten aus.

In der Umsetzung der Antriebskraft in die Membranbewegung folgen alle Mikrofone denselben Grundgleichungen; die Werte der eingehenden Daten können sich jedoch bauartabhängig erheblich unterscheiden.

Wird die Membran einseitig mit einem schalldichten Volumen als Druckaufnehmer abgeschlossen, so erhält man ein schwingungsfähiges System mit einem Energieaustausch zwischen der Kompression der eingeschlossenen Luft und den bewegten Massen. Unter Berücksichtigung einer geschwindigkeitsproportionalen Dämpfung gilt für die Auslenkung $x$ der Membran und ihre zeitlichen Ableitungen in der einfachsten Darstellung die bekannte Differenzialgleichung

$$m\frac{d^2x}{dt^2} + b\frac{dx}{dt} + kx = f(t) \quad \text{(Gl. 3)}$$

Die antreibende Kraft $f(t)$ ist dem Schalldruck innerhalb der genannten Grenzen (s. Abschn. 3.1) proportional. Die Masse m enthält neben der Membran und ihrer damit verbundenen Bauteile auch mitschwingende Luftanteile, deren Menge von der jeweiligen konstruktiven Ausführung abhängt. Zusammen mit der elastischen Verformung der Membran wirkt die eingeschlossene Luft als Feder, in der Gleichung durch die Federkonstante $k$

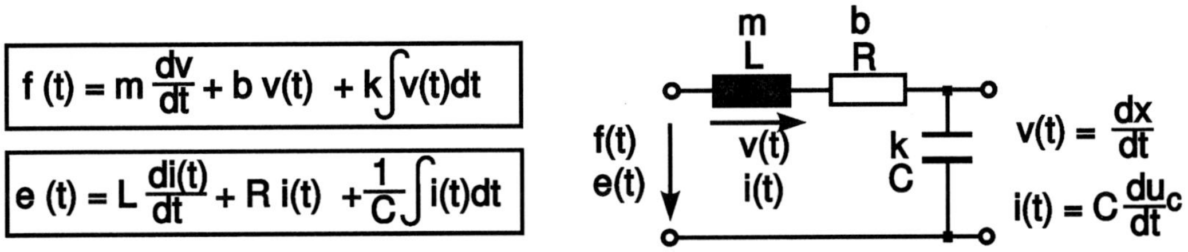

$$f(t) = m\,\frac{dv}{dt} + b\,v(t) + k\int v(t)\,dt$$

$$e(t) = L\,\frac{di(t)}{dt} + R\,i(t) + \frac{1}{C}\int i(t)\,dt$$



**Abb. 8** Membransystem, Bewegungsgleichung und Analogie

berücksichtigt. Der Dämpfungsbeiwert *b* wird meist gezielt durch geeignetes Material erhöht, da die natürliche Dämpfung von Membran und angeschlossenem Volumen im allgemeinen sehr gering ist und zu schmalbandigen Resonanzkurven und entsprechend eingeschränkter Übertragungsbandbreite führt.

Wegen der Gleichartigkeit der Bewegungs-Differenzialgleichung mit der elektrischer Schwingkreise können die mechanischen Größen durch elektrische Analogien ersetzt werden. Dabei ergeben sich mehrere Möglichkeiten, die besonders ausführlich von Reichardt [30] beschrieben sind. Im Abb. 8 ist die Variante mit der Übertragung der Kraft in die elektrische Spannung und der Schnelle in den Strom dargestellt.

Die als Lösung der mechanischen wie der elektrischen Differenzialgleichung bekannten Resonanzkurven für die Auslenkung und Geschwindigkeit der Membran gelten für reale Mikrofone nur so weit wie neben den mechanischen Grundelementen alle weiteren Komponenten vernachlässigbar sind. Über die Modellrechnung hinaus sind daher Messungen an Entwicklungsmustern unumgänglich. Besonders bei Frequenzen deutlich oberhalb der Resonanz sind die mechanischen Vereinfachungen nicht mehr zulässig, und für tiefe Frequenzen verringert eine konstruktive Öffnung zur Rückseite den Membranantrieb. Durch sie wird einerseits eine Verschiebung der Membranruhelage bei Änderung des Luftdrucks vermieden und zum anderen bei Mikrofonen für den Audiobereich bewusst eine Reaktion auf störende Fremdsignale unterhalb des Hörbereichs unterdrückt. In der entsprechenden elektrischen Ersatzschaltung kann dieser Druckausgleich durch die Parallelschaltung einer Induktivität berücksichtigt werden.

Ein größerer Zugang von der Rückseite der Membran lässt auch Schallfeldanteile aus dem zu nutzenden Spektralbereich wirksam werden. Die als Antrieb bleibende Druckdifferenz kann durch eine geeignete Dimensionierung der akustischen Wege für definierte Richtcharakteristiken genutzt werden. Ein gleichwertiger Sonderfall ist die Differenzbildung mit zwei getrennten Druckwandlern, die als Mittel zur Bestimmung der Schnelle beschrieben wurde (s. Abschn. 1.3). Durch die Kombination mehrerer Wandler für unterschiedliche Schallwege und Frequenzbereiche (Mehrwegeempfänger s. Abschn. 5.3) lassen sich so Richtmikrofone herstellen, die selbst bei extremen Schallquellenbedingungen und unter starkem Störschalleinfluss eingesetzt werden können.

### 5.1.1 Induktive Wandler

Der im Induktionsgesetz (Gl. 4) beschriebene Zusammenhang

$$e(t) = -\frac{d\psi}{dt} \qquad \text{(Gl. 4)}$$

zwischen der zeitlichen Änderung eines magnetischen Flusses $\Psi(t)$ und der in einer Leiterschleife um diesen Fluss induzierten Spannung $e(t)$ erlaubt mehrere konstruktive Lösungen, um aus der Bewegung der Membran eine elektrische Spannung zu erzeugen. Davon wurden aber nur die magnetischen und die elektrodynamischen Mikrofone zur Serienreife gebracht und industriell in großen Stückzahlen hergestellt.

Alle induktiven Wandler sind überall vorteilhaft einsetzbar, wo eine Stromversorgung aktiver Mikrofone hinderlich oder nicht verfügbar ist.

### 5.1.2 Elektrodynamische Mikrofone

Die im Jahre 1877 für Werner von Siemens [31] patentierte Konstruktion legte den Grundstein für unzählige Mikrofone, die als dynamische oder Tauchspulmikrofone bezeichnet werden und noch heute für den Allgemeingebrauch eine herausragende Stellung einnehmen. Ihr Funktionsprinzip wird am deutlichsten in der Schreibweise des Induktionsgesetzes für die elektrische Feldstärke E, die in einem mit der Geschwindigkeit v bewegten Leiter in einem Magnetfeldes mit der Flussdichte $B$ erzeugt wird.

$$E = v \times B \qquad \text{(Gl. 5)}$$

Das allgemein geltende Vektorprodukt darf durch die die skalaren Maximalwerte ersetzt werden, da für maximale Wirkung die Leiterbewegung und die Magnetfeldrichtung konstruktiv senkrecht zueinander ausgerichtet sind. Löst man die Bewegungsgleichung (Gl. 3) für die Amplitude $V$ der Geschwindigkeit $v(t) = dx/dt$ und periodische Anregung

$$f(t) = F \cdot e^{jwt} \qquad \text{(Gl. 6)}$$

mit der Frequenz $f = \omega/(2\pi)$ und multipliziert mit der Leiterlänge $l$, so erhält man die Amplitude $U$ der Leerlauf-Ausgangsspannung des dynamischen Mikrofons als Funktion der Antriebskraft, der Frequenz und der mechanischen Parameter zu

$$U = F \cdot B \cdot l \frac{\omega/m}{\sqrt{(\omega^2 - k/m)^2 + (b/m)^2\omega^2}} \qquad \text{(Gl. 7)}$$

Der Frequenzgang (Abb. 9) fällt beiderseits der Resonanzstelle $(\omega_0^2 = k/m)$ ab.

Für einen Teilbereich um diese hier im Beispiel gewählte Frequenz von 1000 Hz ist die Übertragungsfunktion nahezu frequenzunabhängig. Dieser Bereich kann durch stärkere Dämpfung so ausgedehnt werden, dass er für Sprache oder Musik ohne weitere Frequenzgangkorrekturen ausreicht. Wenn konstantes Übertragungsmaß von 100 Hz bis 10.000 Hz verlangt wird, führt dieses jedoch zu Empfindlichkeitsverlusten von mehr als 30 dB. Mit zusätzlichen Resonanzen am oberen und unteren Ende des Übertragungsbereichs kann dieser Verlust deutlich geringer gehalten werden. Als Nachteil können die damit verbundene Welligkeit im Amplitudengang und die zusätzlichen Wechsel im Phasengang angesehen werden. Für klangliche Ausgewogenheit wird die Hauptresonanz überwiegend in den spektralen Schwerpunkt des Audiosignals gelegt. Den schematischen Aufbau eines dynamischen Mikrofons zeigt Abb. 10.

Die für eine möglichst große Spannung erforderliche Leiterlänge $l$ ist raumsparend in mehreren Lagen einer zylindrischen Spule *Sp* untergebracht. Die Spule ist so mit der Membran *Mm* verbunden, dass sie in ihrem gesamten Bewegungsbereich einem möglichst konstanten magnetischen Fluss ausgesetzt ist. Auf diese Weise werden Signalverzerrungen klein gehalten. Für die gleichmäßige Flussdichte im Bereich der Spule sorgt die Optimierung der Gestaltung des Luftspaltes $L$ zusammen mit dem weichmagnetischen Napf $N$ und den integrierten oder zusätzlichen Polschuhen $P$. Ein möglichst

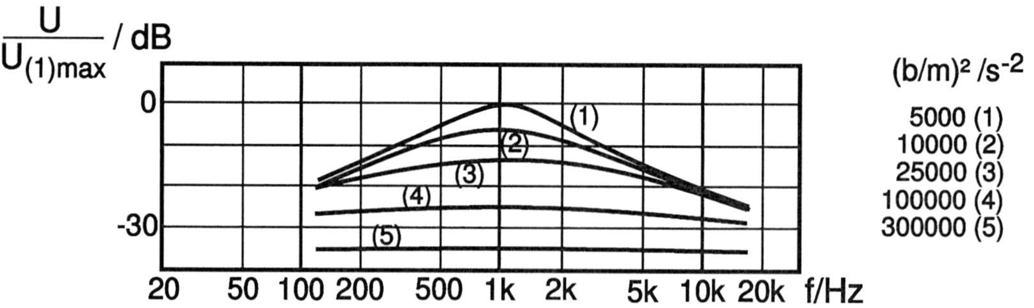


**Abb. 9** Dynamisches Mikrofon, Dämpfung und Bandbreite

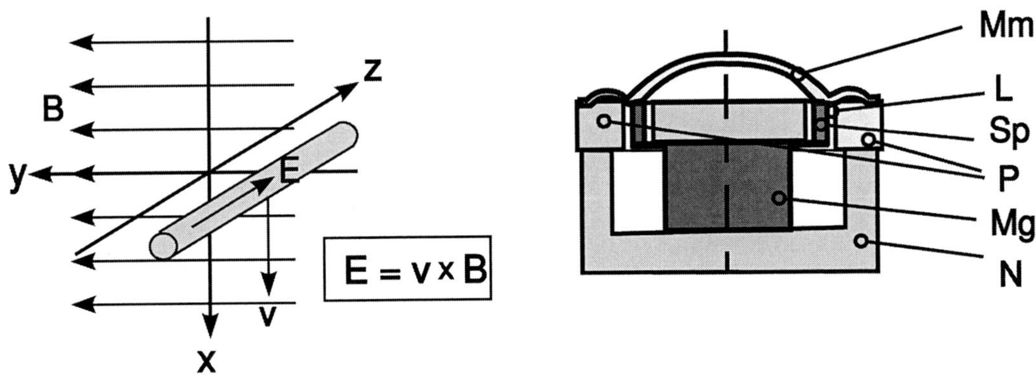



**Abb. 10** Dynamisches Mikrofon, Funktionsprinzip und Aufbau

energiereicher Magnet *Mg* erlaubt Luftspaltinduktionen bis zu etwa 1 T.

Das verfügbare Luftspaltvolumen setzt Grenzen für die Spulendimensionierung. Zwar führen extrem dünne Spulendrähte zu großen Leiterlängen und damit hohen Spannungen, jedoch steigt damit der Spulenwiderstand. Für die Erfordernisse im professionellen Einsatz sind überwiegend Spulenwiderstände von 200 Ω. eingeführt. Im Amateurbereich und bei kurzen Leitungslängen vom Mikrofon zum nächsten Anschluss wurden auch Mikrofone mit deutlich höherer Impedanz verwendet. Damit konnten auch unempfindlichere Verstärkereingänge genutzt werden.

Von Einfluss auf die abgegebene Spannung und den Frequenzgang ist auch die Belastung des Ausgangs. Die in (Gl. 7) angegebene Übertragungsfunktion geht davon aus, dass in der Spule kein Strom fließt. Da insbesondere komplexe Last unerwartete Klangverfärbungen zur Folge haben kann, wird gegenüber früherer Praxis heutzutage fast ausschließlich mit Abschlussimpedanzen gearbeitet, die dem Leerlauf nahe genug kommen. Ein Innenwiderstand von 200 Ω erleichtert diese Aufgabe.

Ein typisches Beispiel für charakteristische Daten dynamischer Mikrofone gibt Tab. 1. Nur einige davon findet man in veröffentlichten Datenblättern. Andere sind im Rahmen der Entwicklung und Produktion für den Hersteller

**Tab. 1** Datenbeispiel für ein dynamisches Mikrofon

| Schallfeld ebene Welle | 1 Pa, 1 kHz | | |
|---|---|---|---|
| Partikelamplitude | 380 nm | Partikelschnelle | 2,4 mm/s |
| *Techn. Daten (typisch)* | | | |
| Empfindlichkeit | 2 mV/Pa | Membrandurchmesser | 40 mm |
| Spulenwiderstand | 200 Ω | Spulendurchmesser | 25 mm |
| Luftspaltinduktion | 0.7 T | Spulendrahtdicke | 25 μm |
| Ersatzgeräuschpegel A | ca. 27 dB | | |
| *Berechnete Werte (x, v für 1 Pa, 1 kHz)* | | | |
| | | Spulendrahtlänge | 5,5 m |
| Membranamplitude x | 80 nm | Membrangeschwind. v | 0,5 mm/s |

wichtig. Zusätzlich sind berechnete (gerundete) Werte aufgeführt, um Unterschiede zwischen Schall- und Membranbewegungsgrößen deutlich zu machen. Besonders in den Abmessungen der Membran und in der Gestaltung des Magnetsystems können die verschiedenen Fabrikate und Modelle weit auseinanderliegen, um die jeweiligen Anforderungen der Nutzer optimal zu erfüllen. Die meisten hochwertigen dynamischen Mikrofone sind äußerst robust und halten ihre Daten über viele Jahre hinweg ein. Manche werden daher seit Jahrzehnten unverändert gefertigt.

### 5.1.3 Magnetische Mikrofone

Die erste Patentanmeldung für ein magnetisches Mikrofon ist fast 20 Jahre älter (Meucci, USA 1871) als jene für das dynamische Prinzip. Die mechanische Trennung von Membran und Spule vermeidet die besonderen konstruktiven Anforderungen bei mitbewegter Spule. Magnetische Mikrofone nutzen die Induktionswirkung über die Veränderung des magnetischen Flusses in einer unbewegten Spule entsprechend der Grundform (Gl. 4) des Induktionsgesetzes.

Die Änderung des Flusses mit der Bewegung der Membran wird entweder durch eine ferromagnetische Membran Mm (Abb. 11) selbst oder über einen Koppelstift zwischen einer magnetisch unwirksamen Membran und einem Eisenanker $A$ als Luftspaltänderung im magnetischen Kreis erzeugt, der mit dem Napf $N$ oder einem Joch $J$ geschlossen wird. Damit wird der vom Magneten $Mg$ auf die Spule $Sp$ wirkende Anteil ebenfalls geändert und die entsprechende Spannung in ihr induziert.

Die Spule eines magnetischen Mikrofons kann großzügig ausgelegt werden, da sie nicht mitbewegt wird. Eine große Induktionsänderung wird durch einen möglichst kleinen Ruheluftspalt erreicht. Es müssen aber Maßnahmen getroffen werden, dass die Membran bei großem Hub nicht anschlägt und sich gegen die Magnetkraft nicht wieder löst.

Magnetische Mikrofone haben bei schweren Membranen aus ferromagnetischem Material häufig einen eingeschränkten Übertragungsbereich und ausgeprägte Resonanzen, sie lassen sich aber in sehr kleinen Abmessungen herstellen. Aus diesem Grund waren sie lange Zeit für Hörgeräte die beste Lösung, bevor sie von Piezo- und später von Elektretmikrofonen abgelöst wurden.

### 5.1.4 Kapazitive Wandler

Gestaltet man die Membran als faltenfrei gespannte leitfähige Folie, so kann sie zusammen mit einer von ihr isolierten metallischen Gegenelektrode als Kondensator eingesetzt werden, dessen Kapazität $C$ sich bei Bewegung im Schallfeld ändert. Da die bestimmende Luftspaltänderung $\Delta d$ im Nenner der Kapazitätsgleichung

$$C = \frac{\varepsilon A}{d_0 + \Delta d} \qquad \text{(Gl. 8)}$$

($A$: Membranfläche, $\varepsilon$: Dielektrizitätskonstante, $d0$: Ruheluftspalt)
steht, verhalten sich Kapazität und Membranauslenkung $x = -\Delta d$ nur für kleine Hübe proportional. In Sonderfällen muss darauf Rücksicht genommen werden.

Für die Umsetzung der Kapazitätsänderung in ein elektrisches Ausgangssignal werden überwiegend die Schaltungsvarianten mit konstanter Kondensatorladung oder mit Hochfrequenz betriebenem Kondensator verwendet.

### 5.1.5 Niederfrequenz-Kondensatormikrofon

Sorgt man für eine konstante Ladung $Q$ auf der als Kondensator ausgeführten Mikrofonkapsel, so zeigt die Beziehung

$$U = \frac{Q}{C} = Q\,\frac{d_0 + \Delta d}{\varepsilon A} \qquad \text{(Gl. 9)}$$

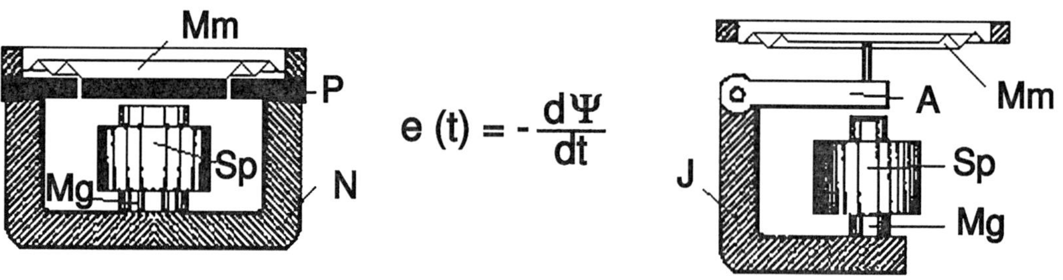


**Abb. 11** Magnetisches Mikrofon, Funktionsprinzip und schematischer Aufbau

dass in diesem Fall die Spannung linear der Luftspaltänderung $\Delta d$ folgt. Wird die Ladung $Q$ über eine externe Spannung $U_p$ zugeführt, ergibt eine Umformung der Gleichung, dass die erzeugte Wechselspannung im Verhältnis zu dieser „Polarisationsspannung" der relativen Kapazitätsänderung durch die Auslenkung gleich ist. Eine hohe Gleichspannung liefert somit eine hohe Empfindlichkeit, jedoch mit dem Risiko, dass bei zu großer Auslenkung die statische Anziehung der beiden Elektroden zum Anschlägen der Membran führen kann. Dieses hat je nach Bauart einen Kurzschluss mit Ladungsausgleich oder dauerhaftes „Kleben" bis zum Abschalten zur Folge.

In gleicher Weise wie die Herleitung für dynamische Mikrofone ergibt sich die Amplitude der Auslenkung $x$ der Membran aus (Gl. 3) und in Verbindung mit (Gl. 8 und 9) die Amplitude der erzeugten Signalspannung zu

$$U = F \cdot \frac{U_p}{d_0} \frac{1/m}{\sqrt{(\omega^2 - k/m)^2 + (b/m)^2 \omega^2)}} \qquad \text{(Gl. 10)}$$

Die Lösung besagt, dass unterhalb der Resonanzfrequenz ein konstanter Übertragungsfaktor möglich ist. Bei geeigneter Dimensionierung der Dämpfung kann dieser Bereich bis an die Resonanzfrequenz heran ausgedehnt werden. Im Gegensatz zum dynamischen Mikrofon wirkt sich die Dämpfungsänderung nicht auf den Übertragungsfaktor unterhalb der Resonanz aus. Diese wird daher an das obere Ende des Nutzbereichs gelegt. In Abb. 12 sind Beispiele für die Ausgangsspannung bei verschiedenen Dämpfungen angegeben.

Die technische Realisierung hochwertiger NF-Kondensatormikrofone war erst möglich, als geeignete passive und aktive Bauelemente zur Verfügung standen. Der Idealfall einer konstanten Ladung kann allerdings nicht erreicht werden. Selbst ein extrem hoher Widerstand $R$ in Reihe mit einer externen Spannungsquelle $U_p$ (Abb. 14) erlaubt kleinste Ströme bei Änderung der Kapazität. Auch die Belastung des Mikrofonausgangs mit der Eingangsimpedanz angeschlossener Verstärker muss gegebenenfalls berücksichtigt werden. Im Bild ist allerdings nur der zur Abtrennung der Gleichspannung verwendete Kondensator $C_a$ eingezeichnet.

Die links gewählte Darstellung der Mikrofonkapsel als kapazitiver Spannungsgenerator wirkt wie die rechts abgebildete Reihenschaltung aus Wechselspannungsquelle und Kapselkapazität $C$. Die Spannung am Widerstand $R$ fällt daher zu tiefen Frequenzen ab. Eine tiefe Grenzfrequenz erfordert sehr große Widerstände im Gigaohm-Bereich, da die Kapselkapazitäten meist nur bei einigen zehn Picofarad liegen (Abb. 13).

Die nachteilige Belastung der Spannung $u(t)$ konnte erst ausreichend reduziert werden, als geeignete Elektronenröhren zur Verfügung standen. Daher liegt das Geburtsjahr für NF-Kondensatormikrofone mit 1917 [32] vier Jahrzehnte hinter dem des elektrodynamischen Prinzips. Bis zum industriell gefertigten Mikrofon für den Einsatz beim noch jungen Rundfunk verging ein weiteres Jahrzehnt.

Die notwendigen hohen Widerstände erfordern auch extrem gute Isolationsmaterialien zwischen Membran und Gegenelektrode. Besonders durch

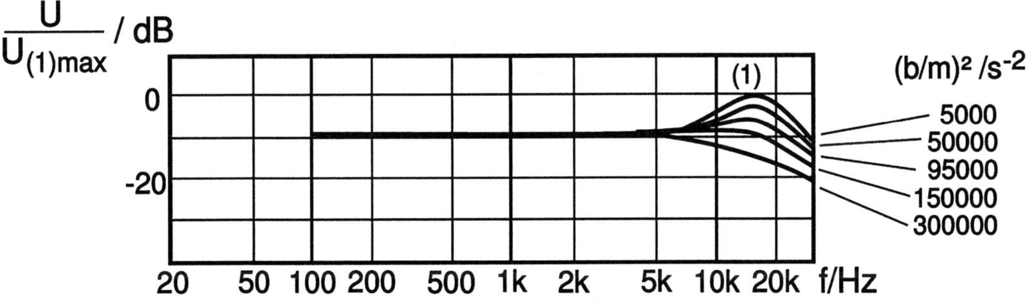


**Abb. 12** NF- Kondensatormikrofon, Dämpfung und Bandbreite

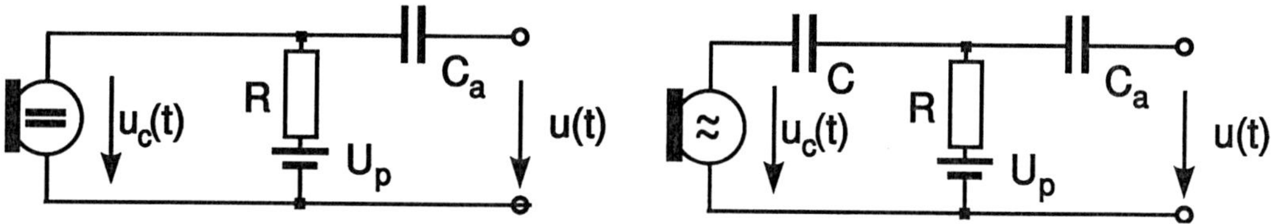

**Abb. 13**  NF- Kondensatormikrofon, Schaltungsprinzip

**Tab. 2**  Datenbeispiel für ein übliches NF-Kondensatormikrofon

| Schallfeld ebene Welle | 1 Pa, 1 kHz | | |
|---|---|---|---|
| Partikelamplitude | 380 nm | Partikelschnelle | 2,4 mm/s |
| | *Techn. Daten (typisch)* | | |
| Empfindlichkeit | 20 mV/Pa | Membrandurchmesser | 10 mm |
| Kapselkapazität | 15 pF | Verstärkung | 0 dB |
| Polarisationsspannung | 150 V | | |
| Ersatzgeräuschpegel A | ca. 20 dB | | |
| | *Berechnete Werte(x, v für 1 Pa, 1 kHz)* | | |
| | | Membranabstand | 150 $\mu$m |
| Membranamplitude x | 20 nm | Membrangeschwind. v | 0,1 mm/s |

Feuchtigkeit fielen daher in den Anfangsjahren viele Kondensatormikrofone aus. Sie konnten allerdings meist nach Trocknung wieder eingesetzt werden.

Anders als beim dynamischen Mikrofon lässt sich ohne Kenntnis der Verstärkung durch die Schaltung beim Kondensatormikrofon nicht auf Membranauslenkung und Geschwindigkeit schließen. Für eine Ausführung mit reinem Impedanzwandler gibt Tab. 2 Hinweise auf übliche Größen. Mit der Entwicklung neuer Materialien und hochwertiger elektronischer Bauelemente wurde das Kondensatormikrofon in NF-Schaltung so weit verbessert, dass es heute nahezu ausschließlich für höchste Anforderungen im Bereich der Messtechnik eingesetzt wird. Dieses gilt ebenso für die Varianten mit permanenter Ladung, die auch als Elektretmikrofone bekannt wurden.

### 5.1.6 Hochfrequenz-Kondensatormikrofon

Beim Betrieb der Kondensatorkapsel an einer Wechselspannungsquelle kann auch die Änderung des kapazitiven Widerstandes bei bewegter Membran schaltungstechnisch ausgewertet werden. Die Betriebsfrequenz wird weit oberhalb des Schallfrequenzbereichs gewählt, um einerseits keine Wechselwirkung mit diesem zu bekommen und andererseits eine niedrige

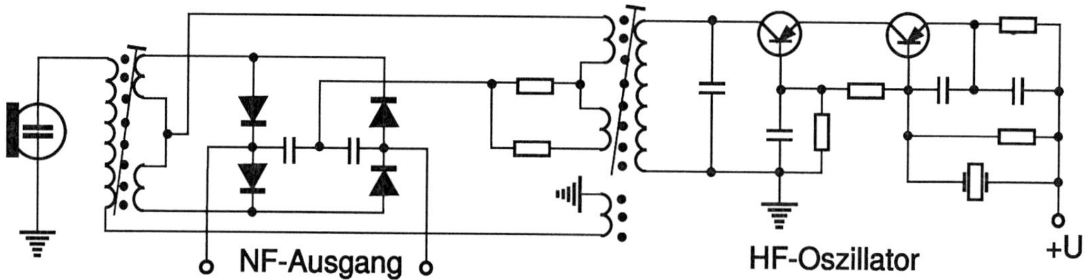


**Abb. 14**  HF- Kondensatormikrofon, Schaltungsauszug (Sennheiser). (Mit Genehmigung der Firma Sennheiser)

Impedanz zu erhalten, für die weder Last- noch Isolationsprobleme auftreten.

Von den unterschiedlichen Möglichkeiten haben sich wegen der erreichbaren Qualität Schaltungen durchgesetzt, bei denen die Kondensatorkapsel Teil eines Detektorkreises ist (Abb. 14). Die von einem hochstabilen Oszillator erzeugte Arbeitsfrequenz wird sowohl der Mikrofonkapsel als auch der Detektorschaltung zugeführt und in dieser ähnlich der bei FM-Rundfunkempfängern bekannten Demodulationstechnik die Niederfrequenz gewonnen.

In der weiteren Verarbeitung der Signale bis zur Steckverbindung des Mikrofons bestehen zwischen HF- und NF- Variante keine prinzipbedingten Unterschiede.

### 5.1.7 Piezowandler

Bereits 1820 beschrieb Becquerel, dass bei mechanischer Verformung bestimmter Materialien auf den Oberflächen elektrische Potenziale erzeugt werden. Dieser Piezoeffekt wurde durch besondere Formgebung und Anbringen zweier Elektroden als Mikrofon erst genutzt, nachdem die Kristalle des Rochelle-Salzes sich als geeignet erwiesen [33]. Allerdings neigt dieses Material dazu, durch Wasseraufnahme unbrauchbar zu werden. Daher wurden erst mit der Entwicklung beständiger piezokeramischer Werkstoffe wie Bariumtitanat Mikrofone mit langer Nutzungsdauer hergestellt.

Im Mikrofon wird das Piezoelement meist durch Biegung angeregt. Dieses kann sich direkt als eine Schicht Piezomaterial $Pz$ auf der Membran $Mm$ befinden oder davon getrennt über ein mit dieser verbundenes mechanisches Koppelelement (Treibstift $Tr$) angeregt werden (Abb. 15). Die erste Möglichkeit wurde besonders in der automatischen Fertigung von Sprechkapseln für Telefonapparate eingesetzt [34].

Piezomikrofone sind wie Kondensatormikrofone kapazitive Quellen. Ihre Impedanz ist zwar deutlich niedriger, jedoch sind weiterhin nur kurze Anschlussleitungen zulässig, um das Signal durch die Leitungskapazität nicht zu sehr zu beeinflussen.

Durch die kleine Bauform wurde es möglich, die akustisch mäßigen magnetischen Mikrofone in Hörgeräten abzulösen. Mit dem Übergang zum Elektretprinzip endete aber auch diese Nutzung. Bei Fernsprechkapseln wurden die großen Ausführungen mit Piezowandlern zunächst durch dynamische Kapseln verdrängt. Inzwischen haben sich für beide Anwendungen die noch kleineren und durch Massenproduktion in MEMS (Micro-Electronic-Mechanical-System)-Technologie kostengünstigeren Wandler durchgesetzt, die auch in Mobiltelefonen verwendet werden.

### 5.1.8 Optische und sonstige Wandler

Induktive und kapazitive Mikrofone setzen der Optimierung des Schwingungsverhaltens der Membran prinzipbedingte Grenzen. Diese entfallen, wenn die Membranbewegung mit optischen Mitteln erfasst wird. Wird ein Lichtstrahl auf eine verspiegelte Membran gerichtet, so kann deren Bewegung (Positionen 1 und 2 in Abb. 16 a, b, c) auf verschiedene Art optisch ausgewertet werden. Die Änderung der Lichtmenge auf dem Sensor $S$ kann beispielsweise durch Veränderung der erfassten Lichtfleckgröße (a) und damit der Beleuchtungsstärke, durch Strahlverschiebung (b, c) und damit Veränderung der beleuchteten Fläche oder durch Ausnutzen der Änderung des Reflexionsfaktors erreicht werden [35, 36]. Auch

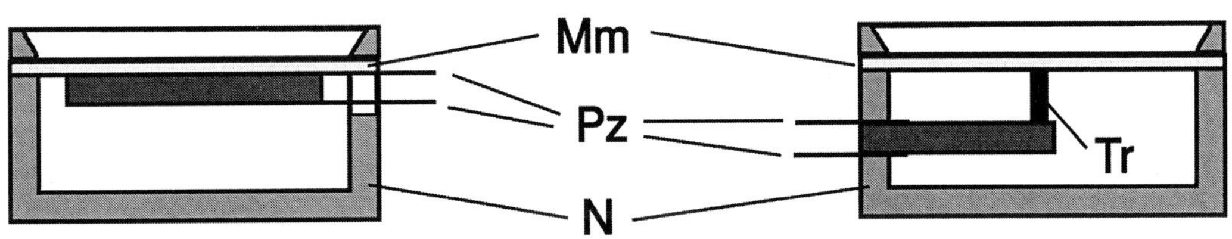


**Abb. 15** Wandler mit Piezomembran (1) und Koppelelement (r)

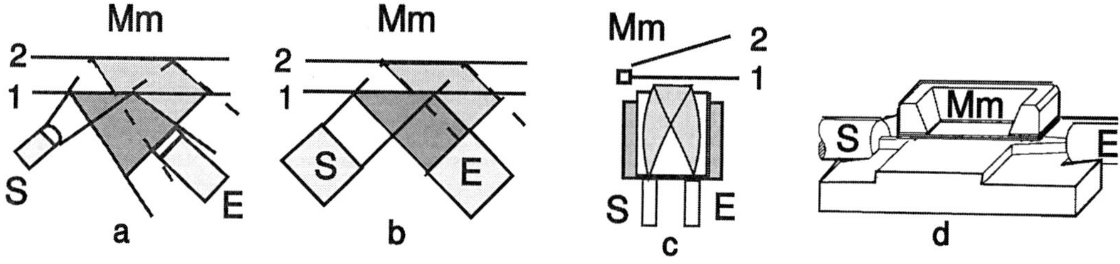

**Abb. 16** Akusto-optische Intensitäts- (a–c) und Phasenmodulation (d)

Modulationsmöglichkeiten der Phase von Laserlicht und deren Auswertung durch Interferenz mit einem Referenzstrahl sind untersucht worden [37, 38].

Trotz des Einsatzes modernster Technologien und fertigungstechnisch reizvoller Aspekte erreichten die elektroakustischen Daten bis auf Ausnahmen (s. Abschn. 6.7) nicht die für eine ausreichende Nutzbarkeit erforderlichen Werte. Dieses gilt ebenso für die Vielzahl von Vorschlägen zur Nutzung anderer Effekte, die in der nationalen und internationalen Patentliteratur zu finden sind oder bereits nach Gesprächen zwischen Erfindern und Herstellern fallen gelassen wurden.

## 5.2 Membranlose Wandler

Das mit Membranen aufgebaute Schwingungssystem lässt sich nur bei präziser Dimensionierung und durch Auswahl langzeitstabiler Materialien der wirksamen Bauteile für eine definierte und reproduzierbare Reaktion auf Schalldruck oder Schallschnelle nutzen. Ein System ohne bewegliche Teile überspringt diese mechanische Hürde. Als physikalisch realisierbare Alternativen haben sich die abkühlende Wirkung der bewegten Luft auf erwärmte Sensoroberflächen und auch die Strömungsdetektion mithilfe elektromagnetischer Strahlung, insbesondere Licht, erwiesen. Den Vorzügen der membranlosen Messung stehen allerdings auch hier verfahrensbedingte Grenzen der Einsetzbarkeit und insbesondere auch der Wirtschaftlichkeit gegenüber.

### 5.2.1 Thermoelektrische Wandler
Der Kühleffekt strömender Luft auf eine warme Oberfläche kann grundsätzlich auch in der Wechselströmung mit der Schallschnelle erzeugt

werden, auch wenn sich die thermischen Vorgänge gegenüber konstanter Gleichströmung unterscheiden. Wegen sehr großer thermischer Zeitkonstanten der verfügbaren Detektoren konnten höhere Audiofrequenzen lange Zeit nicht erreicht werden.

Im anemometrischen Prinzip wird die Abkühlung eines mit konstanter Leistung beheizten Drahtsensors über die Temperaturmessung an diesem zur Bestimmung der Strömungsgeschwindigkeit ausgewertet. Die Umsetzung in ein elektrisches Signal ist über den mit der Temperatur veränderlichen Widerstand oder durch den Einsatz von Thermoelementen möglich. Hinreichend große Signale erfordern allerdings Strömungsgeschwindigkeiten, die im Bereich der Schallschnelle oft nicht erreicht werden. Darüber hinaus ist bei Verwendung eines einzelnen Sensors und reiner Wechselströmung keine Unterscheidung zwischen positiver und negativer Halbwelle möglich. Dieser Mangel kann mit zwei benachbarten Sensoren durch Auswertung der Differenzwirkung überwunden werden, wodurch die Anordnung richtungsempfindlich im Sinne einer Achtercharakteristik wird.

Aus den genannten Gründen wurden die Möglichkeiten anfänglich mehr qualitativ als quantitativ für Infraschall genutzt, um beispielsweise Geschütze akustisch zu orten [21].

Mit aktuellen mikromechanischen Verfahren können heute extrem kleine Strukturen hergestellt werden, deren Anordnung als Differenzwandler auch den thermischen Besonderheiten bei geringen Amplituden der Schallschnelle im Audiobereich folgen kann [39]. Die thermischen Verhältnisse sind dabei weit komplexer als beim vereinfachten Anemometermodell, jedoch erhält man kalibrierfähige Wandler, die auch den ganzen Audiobereich überstreichen können [40], Neben den Vorteilen, auf einem Chip sehr gut übereinstimmende Teilsensoren zur Richtungsbestimmung herstellen zu können, können auch mikroelektronische Schaltkreise in den Herstellungsprozess einbezogen werden. Die geringen Abmessungen verringern auch die Rückwirkungen auf das Schallfeld und ebenso die Einflüsse der Schallfeldgeometrie auf die Übertragungsfunktion. Einsatzmöglichkeiten werden vor allem in der Messung der Schallintensität gesehen, wofür Kombinationen aus Druck- und thermischem Schnellesensor angeboten werden.

### 5.2.2 Optische und sonstige Wandler

Zur Messung der Strömungsgeschwindigkeit von Gasen und Flüssigkeiten sind verschiedene Verfahren bekannt, die ohne das Einbringen von „Messmaterie" in das Medium arbeiten. Bei solchen Verfahren entfällt die mechano-akustische Rückwirkung des Sensors auf das Schallfeld vollständig. Einflüsse der durch das Verfahren in das Schallfeld eingebrachten Messleistung können dagegen im allgemeinen vernachlässigt werden.

Besonders ist hier die Laser-Doppler-Anemometrie zu nennen, bei der die Frequenzverschiebung des Lichtes bei der Reflexion am bewegten Medium ausgewertet wird. Die Apparaturen für das Verfahren sind allerdings sehr kostspielig und ziemlich groß. Ansätze für eine Anwendung als Mikrofon im Audiobereich sind daher nicht bekannt. Das Verfahren wurde in der Elektroakustik allerdings mehrfach zur Untersuchung der Eigenschwingungen von Membranen eingesetzt.

Vorschläge für eine Auswertung der mit der Luftdichte sich ändernden Reflexion und damit der Lichtintensität wurden als „schlierenoptisches" Mikrofon zum Patent angemeldet [41, 42]. Als Anwendung wurde beispielsweise die Messung der Schalldrücke im Abgasstrahl von Strahltriebwerken vorgeschlagen. Große Abmessungen und der Einsatz hochwertiger Verarbeitungsgeräte kennzeichneten diese Versuchsaufbauten.

Die strahlentechnische Markierung eines definierten Messvolumens und die Erfassung seiner Bewegung mit entsprechenden Detektoren wurde ebenfalls vorgeschlagen. Auch die Ionisierung durch Hochfrequenz, die beim Lautsprecher gelegentlich eingesetzt wurde [43], hat zu keiner entsprechenden Lösung als Mikrofon geführt. Sofern die Anregungen überhaupt bis zum Laborstadium gelangten, waren sie meist in den Eigenschaften den üblichen Mikrofonen deutlich unterlegen oder für die Realisierung zu teuer.

## 5.3 Akustisch wirksame Konstruktionselemente

Die Grundaufgabe einer Reaktion auf Schallsignale kann schon mit wenigen Bauelementen gelöst werden. Um dieser Reaktion einen wunschgemäßen Verlauf zu geben, sind fast immer zusätzliche Elemente erforderlich. Neben der Beeinflussung der mechanischen Eigenschaften des schwingenden Systems kann auch eine Vielzahl akustisch wirkender Maßnahmen eingesetzt werden. Sie werden zum großen Teil im Hinblick auf eine definierte Richtwirkung genutzt.

### 5.3.1 Mehrfacheingänge (Mehrwegeempfänger)

Die zur Schnellemessung eingesetzte Anordnung zweier Druckwandler mit festem Abstand (s. Abschn. 1.3) liefert das gleiche Differenzsignal wie ein Wandler mit nur einer Membran, deren Vorder- und Rückseite jeweils über die halbe Entfernung zu den beiden Bezugspunkten $P_1$ und $P_2$ um die gleiche Zeit verzögert von den dort herrschenden Schalldrücken angeregt wird (Abb. 17).

Je nach Phasenunterschied der Signale an beiden Eingängen kann die Differenz erheblich schwanken. Beträgt der entsprechende Wegunterschied ein ungeradzahliges Vielfaches der halben Wellenlänge, verdoppelt sich der Wert gegenüber der Schalldruckamplitude des Freifeldes; bei geradzahligen Vielfachen wird die Differenz zu Null. Dieser störende Kammfiltereffekt kann vermieden werden, wenn der Wegunterschied kürzer bleibt als dem ersten Minimum bei der höchsten zu nutzenden Frequenz entspricht. Eine solche Dimensionierung hat allerdings sehr kleine Druckdifferenzen bei tiefen Frequenzen

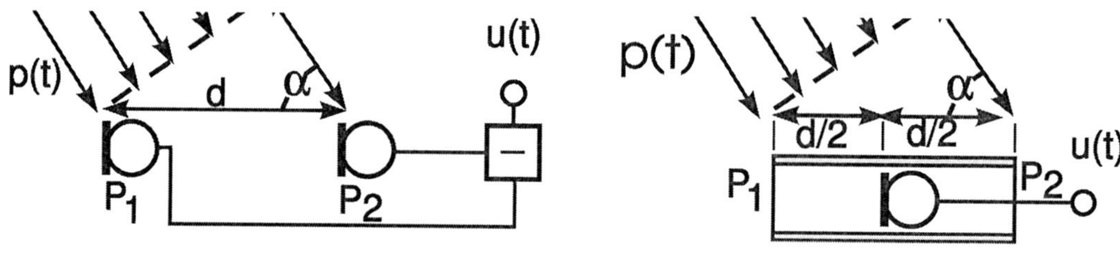

**Abb. 17** Äquivalente Anordnung zur Druckdifferenzmessung

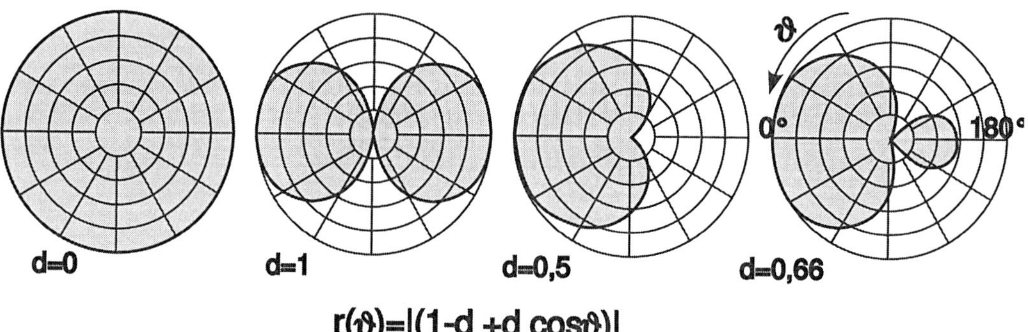



**Abb. 18** Richtcharakteristiken bei unterschiedlicher Summierung

zur Folge. Diese Antriebsverluste können gegebenenfalls durch geeignete Dimensionierung mechanischer Resonanzen oder durch elektrische Entzerrung z. B. bei hochwertigen Richtmikrofonen hinreichend ausgeglichen werden.

Die Darstellung der Amplitude des Differenzsignals bezogen auf den Schalldruck im freien Schallfeld und den Einfallswinkel $\vartheta$ des Schallfeldes im Polardiagramm ergibt für die oben abgebildete Anordnung eine Achtercharakteristik. Aus dieser Grundanordnung lassen sich aber daneben auch andere Richtdiagramme ableiten (Abb. 18), die in der Praxis ihren festen Platz gefunden haben. Dazu muss das Differenzsignal mit dem Summensignal bzw. dem praktisch gleichwertigen Signal einer der beiden Kapseln nach geeigneter Wichtung zusammengefasst werden. In der Richtcharakteristik kann dieses auch als Summierung von Kugel und Acht mit variierbaren Anteilen gelesen werden. Auf das Maximum normiert stellt die Gleichung

$$r(\vartheta) = |1 - d + d\cos(\vartheta)| \quad \text{(Gl. 11)}$$

den Betrag des resultierenden Richtungsfaktors $r(\vartheta)$ in Abhängigkeit vom Einfallswinkel und der gewählten Summierung dar. Die abgebildeten vier Charakteristiken Kugel, Acht, Niere und Superniere sind besonders häufig im Einsatz. Dabei erfolgt die Wahl je nach Aufgabenstellung bei der Schallaufnahme.

Anstelle zweier Druckwandler können auch bei einem einzigen Wandler mit zwei akustischen Einlässen die gleichen Variationen erzielt werden. Dazu müssen die Laufzeiten von den beiden Eingängen durch Änderung der Weglängen veränderlich gemacht und auch die Druckamplituden entsprechend beeinflusst werden. Da akustische und mechanische Wege nicht gleich sein müssen, ergeben sich auf diese Art einschließlich schaltungstechnischer Maßnahmen eine Vielzahl von Beeinflussungsmöglichkeiten.

Mit weiteren akustischen Eingängen kann sowohl die Form des Richtungsdiagramms beeinflusst als auch eine Veränderung der Übertragungsfunktion in der Hauptrichtung erreicht werden. Die mechanische Ausführung für ein dynamisches Mikrofon mit mehreren Eingängen E1 bis E3 und ein elektrisches Ersatzschaltbild dafür zeigt Abb. 19.

Eine Gegenmaßnahme zur Frequenzabhängigkeit der Schalldruckdifferenz auf beiden

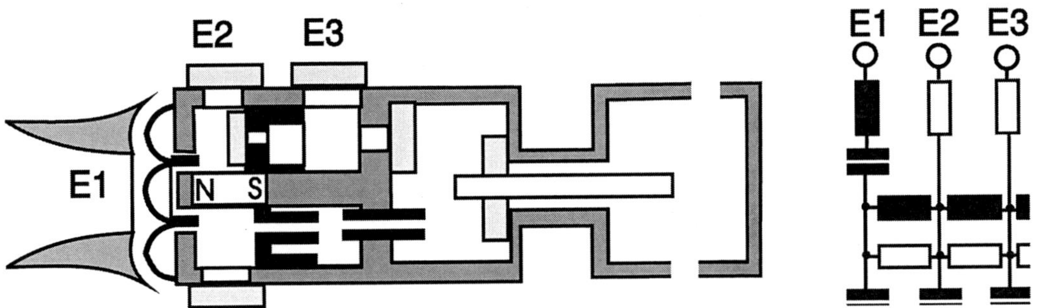


**Abb. 19** Mehrwegewandler und Ersatzschaltbild. (Mit Erlaubnis unter Rückgriff auf [44], Copyright 1971, Funkschau)

Membranseiten ist ein rückwärtiger Einlass, dessen Verzögerung mit wachsender Frequenz abnimmt. Ein Realisierung dafür wurde als „variable D" [45] bekannt und patentrechtlich geschützt.

Richtmikrofone werden in den meisten Fällen im freien Schallfeld kalibriert. Ein Rückschluss vom Ausgangssignal auf den realen Schalldruck erfordert zwingend die Kenntnis der Schalleinfallsrichtung und je nach Anforderung auch der Schallfeldcharakteristik. Bei unveränderlichen Quellen kann die Einfallsrichtung durch Schwenken bis zum Maximalwert entsprechend der Richtcharakteristik gefunden werden. Alternativ können Mikrofonanordnungen mit verschiedenen festen.

Achsausrichtungen benutzt und deren Ausgangssignale getrennt registriert werden [46].

### 5.3.2 Fokussierende Bauteile
Eine erhebliche akustische Signalverstärkung bei gleichzeitiger Zunahme der Richtwirkung lässt sich durch Fokussierung analog zu den optischen Methoden erreichen. Damit wird die Schallleistung aus einem größeren Querschnitt auf die kleine Fläche der Membran konzentriert, wobei allerdings auch Störeffekte durch Summierung unterschiedlich verzögerter Signale/ Echos entstehen können.

Für Luftschall wird die für Linsen charakteristische unterschiedliche Verzögerung der Strahlenwege nicht durch den Einsatz von Material mit höherem Brechungsindex sondern durch die Zwangsführung der einfallenden ebenen Welle in leitungsähnlichen Gebilden erreicht.

Die Summe aus der Vielzahl neuer Quellen von den Austrittsstellen vereint sich in einem akustischen Brennpunkt. Bei Mikrofonen sind Anwendungen akustischer Linsen nicht üblich, jedoch findet man sie in umgekehrter Wirkung oft als Diffusor bei sonst zu stark bündelnden Hochtonlautsprechern.

Ebenfalls selten in der Mikrofonanwendung sind Exponentialtrichter, die aber im Einzelfall im höheren Frequenzbereich für mehr Antrieb sorgen können Ein Beispiel für die Anwendung zur Anhebung des Frequenzbereichs oberhalb 7 kHz ist das Mikrofon in Abb. 19.

Weit verbreitet, jedoch in der Anwendung mehrheitlich auf Vogelstimmen und ähnliche Spektren beschränkt, sind Parabolspiegel als Mikrofonzubehör mit mechanischen Befestigungsmöglichkeiten für unterschiedliche Durchmesser. Das Bündelungsmaß steigt mit dem Verhältnis des Spiegel-Durchmessers zur Wellenlänge und kann daher starke Amplitudenänderungen mit der Frequenz zur Folge haben.

### 5.3.3 Interferenzrohre
Die Entstehung von Elementarwellen beim Schalldurchtritt durch kleine Öffnungen lässt sich für besonders starke Richtwirkung nutzen. Durch eine optimierte Anordnung von Löchern entlang eines Rohres und eine ebenso gezielt dimensionierte Beeinflussung der Durchmesser und Dämpfungsmaterialien [47] überlagern sich im Rohrinneren die zur Mikrofonmembran laufenden Teilwellen in der erforderlichen Art (Abb. 20).

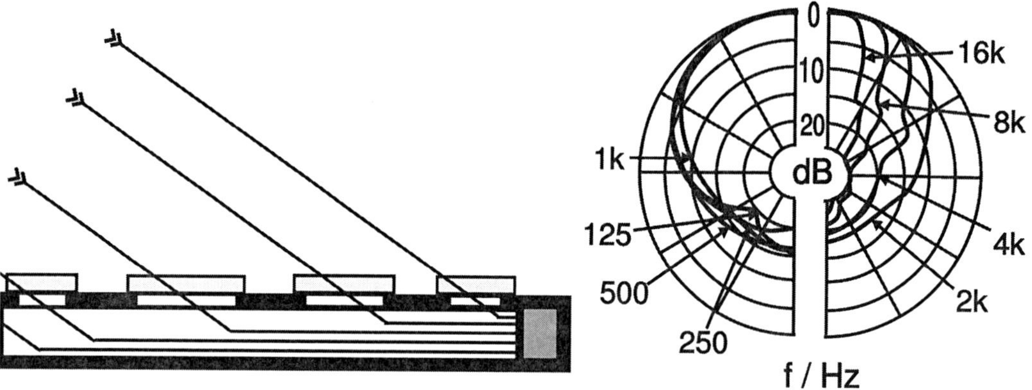


**Abb. 20**  Interferenzrohr und Richtcharakteristik

Mit größerer Länge und erhöhter Zahl der Teilwellen steigt das Verhältnis der frontal aufgenommenen Leistung aus dem Schallfeld zur Leistung aus einem diffusen Schallfeld (Bündelungsgrad). Dabei treten jedoch vermehrt Nebenzipfel im Richtdiagramm auf, deren Welligkeit durch Optimierung der Lochverteilung und der jeweils verwendeten Dämpfungen verringert werden kann. Die mit steigender Frequenz deutlich zunehmende Richtwirkung kann bei der Anwendung für hochwertige Tonaufnahmen zu hörbaren Verfärbungen des akustischen Hintergrundes führen. In der Anwendung für künstlerische Zwecke ist daher ein sorgfältiges Gleichgewicht zwischen der gewünschten Richtwirkung und unerwünschten Nebeneffekten notwendig.

In der Messtechnik können Mikrofone mit starker Richtwirkung vorteilhaft genutzt werden, wenn Schallquellen geortet werden sollen und ein hoher Grundgeräuschpegel andere Methoden scheitern lässt.

### 5.3.4 Sonden

Für Messungen an schwer zugänglichen Schallquellen können übliche Wandlerbauarten zu groß sein. Darüber hinaus sind Schäden durch besondere Bedingungen wie Wärme, Feuchte oder mechanische Belastung möglich. In diesem Fall kann eine größere Entfernung zwischen Schalleintritt und Mikrofonsystem Abhilfe schaffen. Ein akustisch passend dimensioniertes Rohr

aus widerstandsfähigem Material dient als Sonde, die auf kurzen Abstand zur Schallquelle gebracht werden kann. Zum Messen in unmittelbarer Nähe der Quelle werden keine Richtwirkungseigenschaften benötigt. Wegen der geringen Durchmesser der Sonden werden auch Unterschiede zwischen Freifeld- und Druckübertragungsmaß im allgemeinen vernachlässigbar. Die Kalibrierung kann daher in einer Druckkammer erfolgen. Das Übertragungsmaß ist bei passender Wahl der Rohreigenschaften und reflexionsarmem Übergang zur Mikrofonkapsel weitgehend konstant.

### 5.3.5 Weitere externe Elemente

Besondere Betriebsbedingungen erfordern weiteres Zubehör, das einen Einfluss auf das Übertragungsverhalten haben kann.

Störsignale durch starken Wind können eine Verwertung des Nutzsignals verhindern. Eine deutliche Verbesserung wird mit Hüllen aus Seide, porösem Schaumstoff oder langflorigem Material erreicht. Solche Windschützer dämpfen bei besonders großer Wirkung aber auch die hohen Frequenzen. Außerdem können ihre großen Abmessungen auch die Richtcharakteristik verändern. Technische Daten für den Einsatz sollten daher immer zusammen mit dem benutzten Mikrofon angegeben werden.

Eine Verwendung von Mikrofonen im Außenbereich erfordert oft auch einen Schutz gegen Regen. Sofern nicht schon die Windschirme dafür vorbereitet sind, müssen zusätzliche

Schutzeinrichtungen ebenfalls auf ihre Auswirkungen auf die Übertragungseigenschaften zusammen mit dem gewählten Mikrofon geprüft werden.

Dem Windschutz ähnlich in der Verwendung von Gewebeschichten zwischen Quelle und Mikrofon sind Poppschutz-Schirme. Sie sollen allerdings ungewünschte Reaktionen des Mikrofonsystems auf die Stoßanregung durch Explosivlaute von Sprechern unterdrücken. Außerhalb dieses Einsatzes haben sie keine Bedeutung.

Gegen die Störungen durch Einkopplungen von Körperschall gibt es für viele Mikrofone speziell auf solche Anregungen abgestimmte Halterungen. Tief abgestimmte Federn und absorbierende Dämpfungen bringen deutliche Verbesserungen. Grundsätzlich sollte allerdings die Wahl eines für Körperschall wenig empfindlichen Mikrofons im Vordergrund stehen. Je nach Bauart können auch derartige und andere Halterungen Einfluss auf das am Mikrofon ankommende Signal haben.

## 6     Beispiele aus Klein- und Großserienherstellung

Die große Vielfalt der Anwendungen sowie die dafür extrem unterschiedlichen Stückzahlen haben zu einem schwer überschaubaren weltweiten Angebot geführt. Einzelstücke von Kleinstfirmen, Kleinserien aus Fertigungslabors und Großserien aus Teil- und Vollautomation sind weltweit in Gebrauch. Die nachfolgende Auswahl berücksichtigt hauptsächlich Hersteller aus dem europäischen Raum, die seit vielen Jahrzehnten bewährte Erzeugnisse liefern. Eine entsprechende Auswahl lässt sich jedoch ebenso für andere technisierte Kontinente treffen. Im Rahmen der zunehmenden Globalisierung vermischen sich die ursprünglich vorhandenen Schwerpunktbereiche einzelner Spezialfirmen. Über die Beispiele hinausgehende Informationen sind in großer Zahl aus der Fachpresse und über das Internet zu bekommen. Dieses gilt auch für ergänzende Technische Daten, die aus Gründen der Übersichtlichkeit bei den Beispielen nicht vollständig übernommen wurden.

Eine sehr geringe Menge an Technischen Daten ruft ebenso wie ein Übermaß vielstimmige Kritik aus den Reihen der Anwender hervor. Die Ursache liegt in den Unterschieden der Nutzung und der Schallquellen. Diese sind so vielfältig, dass bisherige Ansätze zur Festlegung anwendungsbezogener Datenangaben nur in Ausnahmefällen wie bei Fernsprechkapseln oder der inzwischen kaum mehr genutzten HiFi-Norm zu brauchbaren Ergebnissen geführt haben. Drei Beispiele aus unzählig vielen Möglichkeiten sollen die Situation veranschaulichen.

Für den wissenschaftlichen Nachweis eines akustischen Ereignisses mit geringer spektraler Breite und sehr niedrigem Schallpegel muss ein Wandler eingesetzt werden, der diese beiden Größen optimal bedient. Dabei können andere Eigenschaften wie Baugröße, Gewicht, Leistungsaufnahme, große Aussteuerbarkeit und eventuell auch Verzerrungseigenschaften zweitrangig sein. Gegebenenfalls muss aber sichergestellt sein, dass Nachverarbeitungen zur Signalanalyse nicht durch Eigenschaften des Wandlers behindert werden.

Bei Schallaufnahmen im Freien sind oft unvermeidbare Störquellen vorhanden. Die Möglichkeit, mit dem Mikrofon nahe an die Quelle zu gehen, ist häufig nicht vorhanden. Dann lassen sich die Störanteile nur ausreichend unterdrücken, wenn Mikrofone mit großer Richtwirkung eingesetzt werden. In der praktischen Anwendung bei Filmproduktionen fällt die Wahl meist auf Rohrrichtmikrofone, die mithilfe von Hub- und Schwenkeinrichtungen bis auf einige Meter an die Quellen herangefahren werden und dennoch außerhalb des Bildes bleiben.

Im Gegensatz zu den Bedingungen im Freien lassen sich im Studiobereich die Mikrofone sehr nahe bei den Quellen anbringen. Externe Störgeräusche sind zudem baulich hinreichend gedämpft. Der Schallpegel bei der geringen Aufnahmeentfernung ist so groß, dass auch die sogenannten Kleinmembranmikrofone problemlos eingesetzt werden können. Die Wahl solch kleiner Wandler erfolgt auch häufig im Hinblick auf die Wechselwirkung zwischen Membrangröße und Richtcharakteristik.

## 6.1 Dynamische Druckmikrofone

### 6.1.1 Reportagemikrofon MD 21

Dieses Mikrofon ist ein Beispiel für die Langlebigkeit hochwertiger dynamischer Mikrofone. Es wurde schon 1953 zur Hannover-Messe vorgestellt und ist noch heute in Produktion. Es wird vorwiegend für Interviews und Reportagen sowie als Stützmikrofon bei Musikaufnahmen verwendet. Es kann wegen seiner konstanten Übertragungseigenschaften auch für messtechnische Überwachungsaufgaben eingesetzt werden. Als Folge seiner großen Abmessungen wird im Polardiagramm bereits ab 1 kHz der Richtungseinfluss sichtbar. Eine deutliche Bevorzugung des Frontalschalls beginnt aber erst bei Frequenzen, die im Sprachspektrum geringere Bedeutung haben. (Abb. 21).

Technische Daten MD 21

| Richtcharakteristik | Kugel |
|---|---|
| Übertragungsbereich | 40 … 18.000 Hz |
| Freifeld-Leerlaufübertragungsfaktor (1 kHz) | 1,8 mV/ Pa $\pm$ 2,5 dB |
| Nennimpedanz | 200 $\Omega$ |
| Abmessungen in mm | 137 × 65 × 67 |
| Gewicht | ca. 280 g |

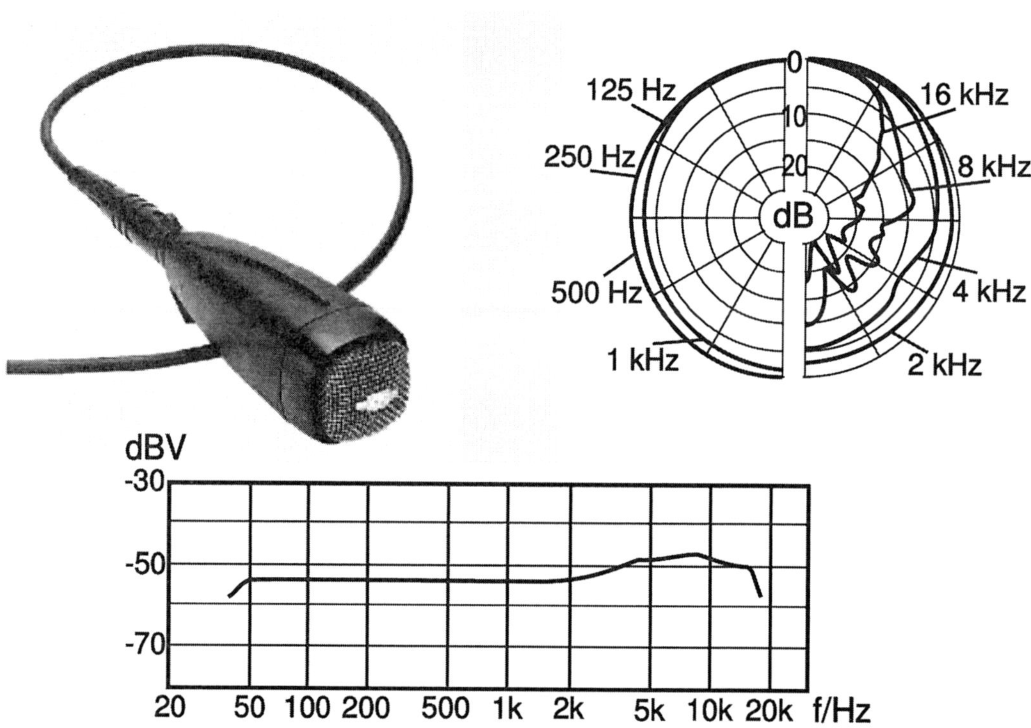


**Abb. 21** Reportagemikrofon MD 21 (Sennheiser). (Foto und Messkurven mit Genehmigung der Firma Sennheiser)

## 6.1.2 Sondenmikrofon MD 321

Mikrofone wie das MD 321 ermöglichten gegenüber den davor üblichen Körperschallmethoden erheblich verbesserte Analysen von Geräuschquellen. Insbesondere bei Geräuschen an Maschinen war damit die Fehlerbestimmung im Hinblick auf Ort und Art sicherer. Die Luftschallabnahme in unmittelbarer Nähe zur Oberfläche ermöglichte mit der Körperschallankopplung als Ergänzung häufig eine ausreichende Aussage allein über den Höreindruck ohne weitere Aufzeichnung und technische Signalanalysen. Aus diesem Grunde wurde auch eine Ausführung MD 321 V mit eingebautem Verstärker und Kopfhörerausgang angeboten (Abb. 22).

| Technische Daten MD 321 (MD 321 V) | |
| --- | --- |
| Richtcharakteristik | Kugel |
| Übertragungsbereich | 40 … 20.000 Hz |
| Freifeld-Leerlaufübertragungsfaktor (1 kHz) | 0,45 mV/Pa ± 3 dB |
| Nennimpedanz | 200 Ω |
| Abmessungen in mm (V) | 25(33) Ø × 440 (589) |
| Gewicht | ca. 290 (560) g |

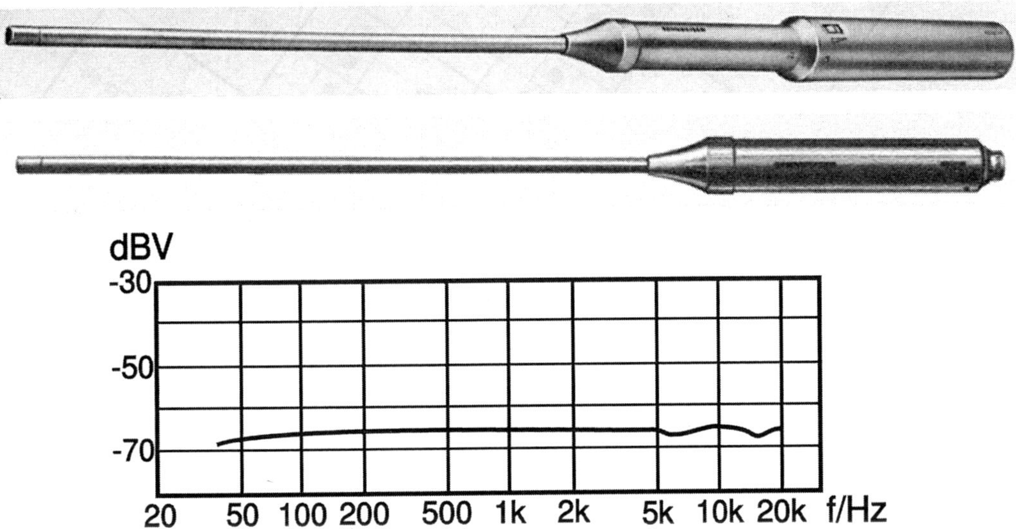


**Abb. 22** Sondenmikrofon MD 321 (oben 321 V) (Sennheiser). (Foto und Messkurven mit Genehmigung der Firma Sennheiser)

## 6.2 Dynamische Richtmikrofone

### 6.2.1 Studio-Richtmikrofon MD 441

Die Entwicklung dieses Mikrofons war mit technischen Forderungen verbunden, die um 1970 als kaum erfüllbar galten. Bei sehr kleinem Membrandurchmesser sollte ein Richtmikrofon geschaffen werden, das nicht nur eine große Ausgangsspannung abgab, sondern auch mit einem einzigen System diese im Bereich 30 Hz bis 20.000 Hz nahezu konstant hielt Die Lösung gelang mit einer optimalen Anpassung von Werkstoffen sowie akustischen und elektrisch wirksamen Elementen [45]. Das Mikrofon ist seitdem in Produktion und im professionellen Einsatz weit verbreitet (Abb. 23).

| Technische Daten MD 441 | |
| --- | --- |
| Richtcharakteristik | Superniere |
| Übertragungsbereich | 30 … 20.000 Hz |
| Freifeld-Leerlaufübertragungsfaktor (1 kHz) | 2 mV/Pa ± 3 dB |
| Nennimpedanz | 200 Ω |
| Abmessungen in mm | 257 × 33 × 36 |
| Gewicht | ca. 450 g |

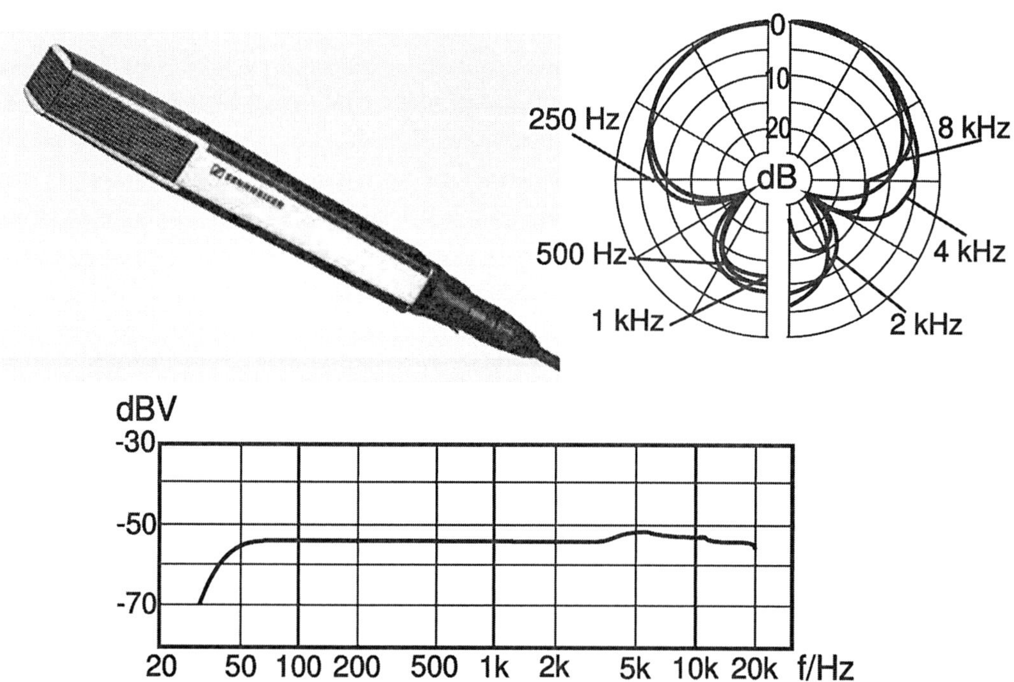


**Abb. 23** Studio-Richtmikrofon MD 441 (Sennheiser). (Foto und Messkurven mit Genehmigung der Firma Sennheiser)

## 6.2.2 Zweiwegemikrofon D 222

Die für breitbandige Lautsprecherlösungen häufig eingesetzte Aufteilung des Audiobereichs zur Ansteuerung spektral getrennter Einzelsysteme ist für Mikrofone selten vorgenommen worden. Das D 222 enthält je eine Wandlerkapsel für den Hochton- und den Tieftonbereich. Damit wird bei mäßiger Dämpfung der Teilsysteme der gewünschte große Übertragungsbereich erzielt. Der Hersteller hat durch Optimierung der Schallweglänge zu beiden Kapseln außerdem den „Naheffekt" verringert, der eine starke Betonung der tiefen Frequenzen bei geringem Abstand der Schallquelle zur Mikrofoneinsprache bewirkt (Abb. 24).

| Technische Daten D 222 | |
|---|---|
| Richtcharakteristik | Niere |
| Übertragungsbereich | 20 … 18.000 Hz |
| Freifeld-Leerlaufübertragungsfaktor (1 kHz) | 1,5 mV/Pa |
| Nennimpedanz | 320 Ω |
| Abmessungen in mm | 45 Ø × 205 |
| Gewicht | 240 g |

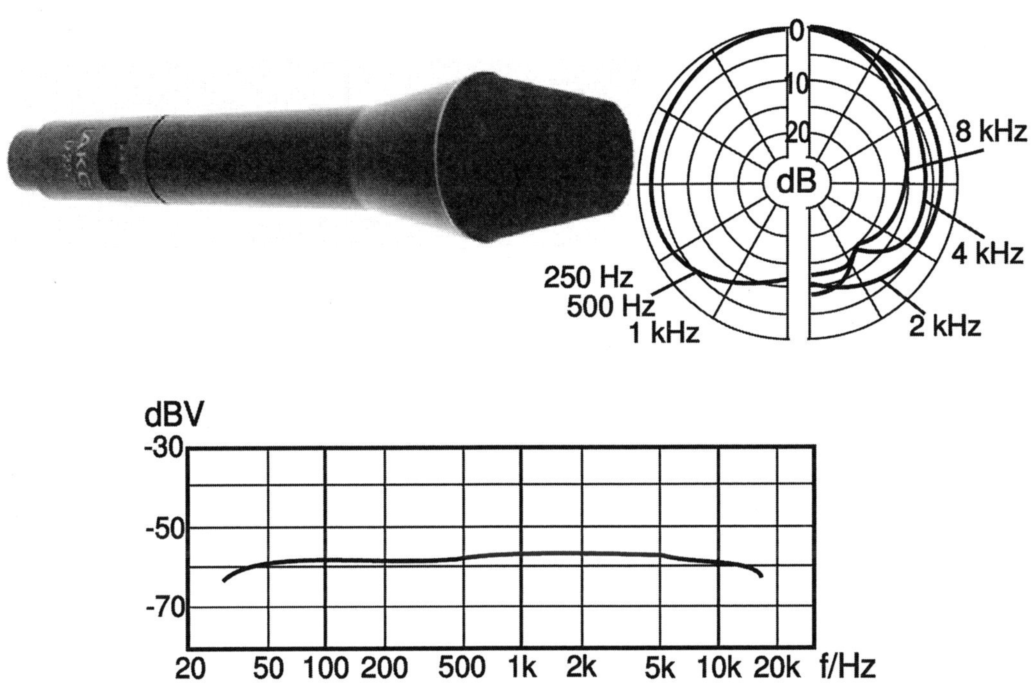


**Abb. 24**  Zweiwegemikrofon D 222 (AKG). (Foto und Messkurven mit Genehmigung der Firma AKG)

### 6.2.3 Bändchenmikrofon M 130

Die geringe Masse und hervorragendes Auslenkungsverhalten eines dünnen Metallbändchens versprachen gute Eigenschaften für dynamische Mikrofone nach diesem Prinzip. Mechanische Probleme und die notwendige Tranformation der extrem kleinen induzierten Spannung behinderten zunächst die Realisierung. Umfangreiche Veränderungen führten schließlich zu anwendungsgerechten Ausführungen. Von den wenigen noch verfügbaren Typen zeigt das M 130 die durch die Bauform bevorzugte symmetrische Achter-Richtcharakteristik (Abb. 25).

| Technische Daten M 130 | |
| --- | --- |
| Richtcharakteristik | Acht |
| Übertragungsbereich | 40 … 18.000 Hz |
| Freifeld-Leerlaufübertragungsfaktor (1 kHz) | 1 mV/Pa |
| Nennimpedanz | 200 Ω |
| Abmessungen in mm | 38,5 Ø × 128 |
| Gewicht | 150 g |

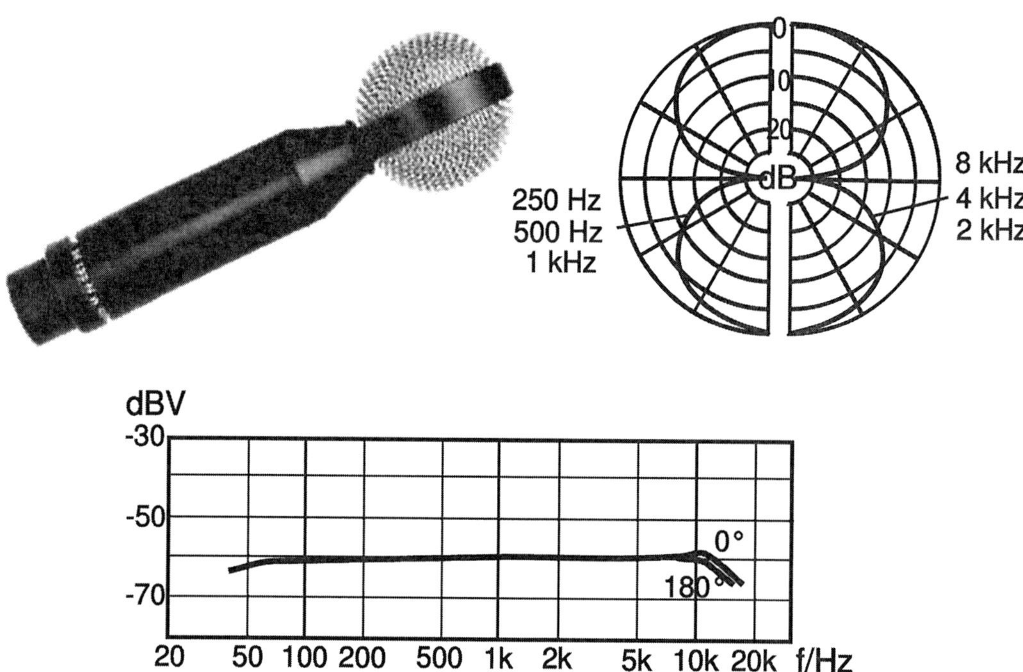


**Abb. 25** Bändchenmikrofon M 130 (beyerdynamic). (Foto und Messkurven mit Genehmigung der Firma beyerdynamic)

## 6.3 Niederfrequenz-Kondensatormikrofone

### 6.3.1 Großmembranmikrofon M 147 Tube

Die technologischen Grenzen zu Beginn der Kondensatormikrofonentwicklung führten zu Kapseln mit großem Membrandurchmesser und daran angeflanschtem Gehäuse für den seinerzeit sehr großen Röhrenverstärker. Trotz des Siegeszuges der Miniaturisierung und der Halbleitertechnologie haben sich einzelne Modelle mit großen Kapseln und Röhrenschaltungen behauptet, wobei allerdings der neueste Stand der Technik eingesetzt wird. Zu ihnen gehört das M 147, das als Niere ein-

gestuft ist, jedoch mit ansteigender Frequenz den Bereich von einer breiten Niere über die Superniere bis in die Nähe einer Acht durchläuft (Abb. 26).

| Technische Daten M 147 Tube | |
| --- | --- |
| Richtcharakteristik | Niere |
| Übertragungsbereich | 20 … 20.000 Hz |
| Freifeld-Leerlaufübertragungsfaktor (1 kHz) | 20 mV/Pa |
| Nennimpedanz | 50 Ω |
| Ersatzgeräuschpegel (A-bewertet, DIN IEC 60651) | 12 dB |
| Abmessungen in mm | 57 Ø × 142 |
| Gewicht | 460 g |

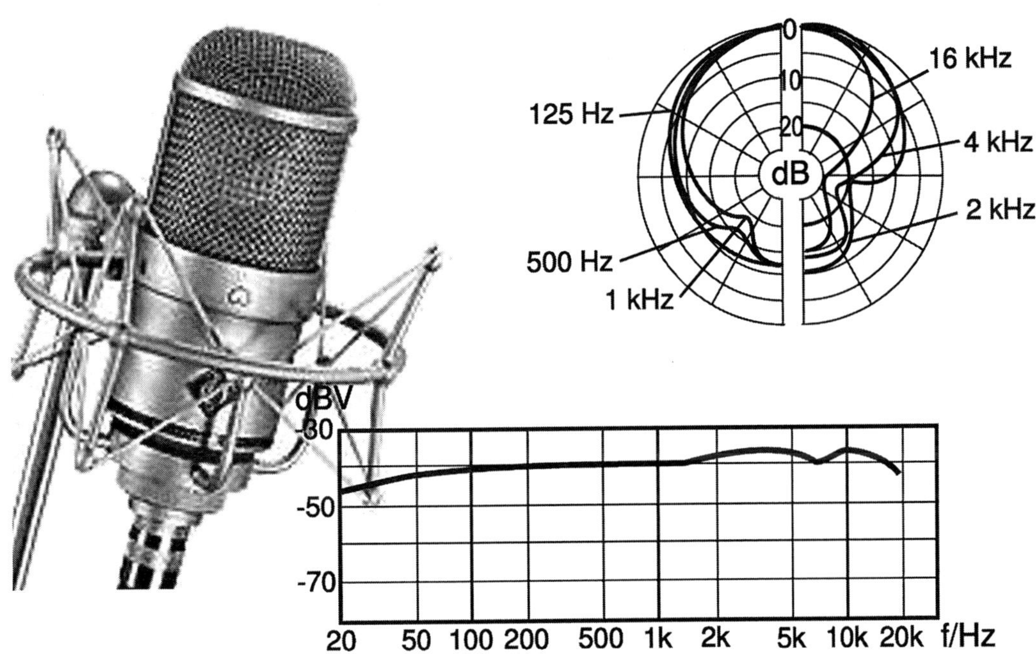


**Abb. 26** Großmembranmikrofon M 147 (Neumann). (Foto und Messkurven mit Genehmigung der Firma Georg Neumann)

### 6.3.2 Kleinmikrofon MK 6/CMC 6

Mikromechanische Verfahren gestatten die Herstellung von Kondensatormikrofonen mit Membrandurchmessern von wenigen Millimetern. Wegen der meist damit verbundenen Erhöhung des Eigenrauschens werden derart kleine Mikrofone überwiegend in kürzestem Abstand zur Quelle eingesetzt. Ein für Studiozwecke optimal niedriger Eigenrauschpegel kann auch schon bei Membrandurchmessern ab etwa 12 mm erreicht werden. Zu diesem Abmessungsbereich gehört das Modularsystem Colette, aus dem hier die Kapsel MK 6 ausgewählt wurde. Sie hat die Besonderheit, dass die Richtcharakteristik mit nur einer Einzelmembrankapsel durch mechanische Umschaltung verändert werden kann (Abb. 27).

| Technische Daten MK 6/CMC 6 | |
| --- | --- |
| Richtcharakteristik mechanisch umschaltbar | Kugel/Niere/Acht |
| Übertragungsbereich | 20(40) … 16.000 Hz |
| Freifeld-Leerlaufübertragungsfaktor (1 kHz) | 10 mV/Pa |
| Nennimpedanz | 25 (P12)/35 (P48) $\Omega$ |
| Ersatzgeräuschpegel (A-bewertet, DIN IEC 60651) | 15/17/19 dB |
| Abmessungen in mm | 20 Ø × 39 + 113 (CMC) |
| Gewicht | 23 + 68 (CMC) g |

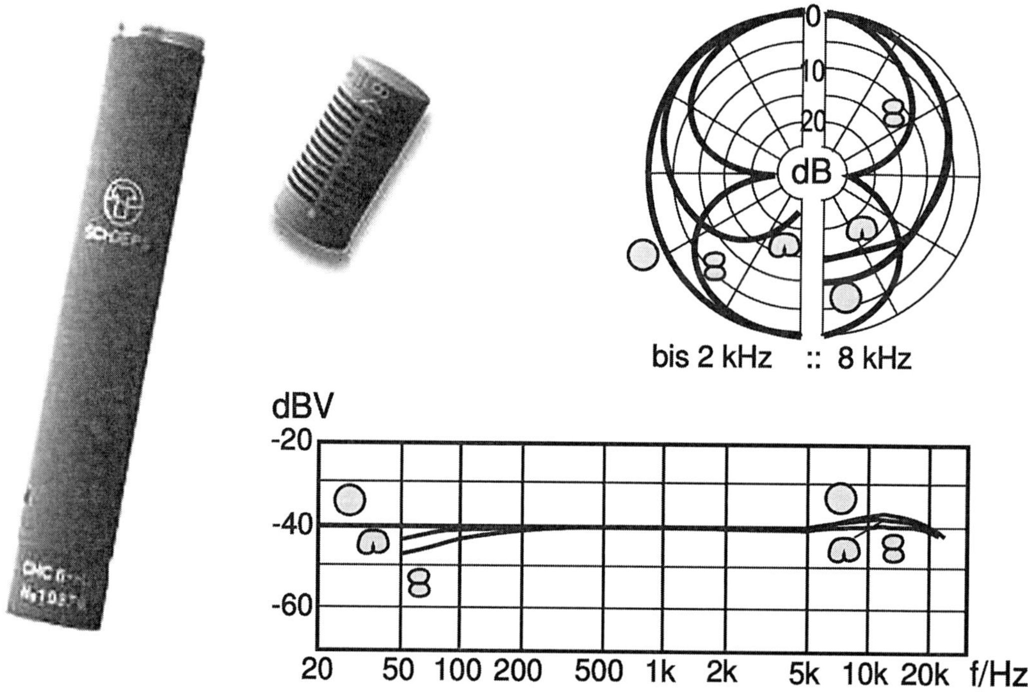


**Abb. 27** Kapsel MK 6 mit Mikrofonverstärker CMC 6 (Schoeps). (Foto und Messkurven mit Genehmigung der Firma Schoeps)

## 6.4 Hochfrequenz-Kondensatormikrofone

### 6.4.1 Studiomikrofon MKH 800

Wegen ihrer Betriebssicherheit auch bei extrem ungünstigen Umgebungsbedingungen wurden Kondensatormikrofone in Hochfrequenzschaltung zunächst überwiegend für den Außeneinsatz bevorzugt. Für akustische Überwachungsanlagen wurden nur kleine Stückzahlen benötigt In großer Zahl wurden Ausführungen mit mittlerer bis starker Richtwirkung (Interferenz-Richtrohre) bei Filmproduktionen eingesetzt.

Fortschritte bei elektronischen Komponenten und die Einführung symmetrischer Wandlerkapseln ermöglichten Funktionsvariationen, die bis dahin den Kondensatormikrofonen in Niederfrequenzschaltung Vorbehalten waren. Ein Beispiel für die aktuellen Möglichkeiten ist das MKH 800, das herausragende Eigenschaften in Übertragungsmaß und Eigenrauschen bietet und darüber hinaus die Umschaltung zwischen fünf Richtcharakteristiken ermöglicht (Abb. 28).

| Technische Daten MKH 800 | |
|---|---|
| Richtcharakteristik umschaltbar in 5 Stufen | Kugel…Niere…Acht |
| Übertragungsbereich | 30 … 50.000 Hz |
| Freifeld-Leerlaufübertragungsfaktor (1 kHz) | 40 mV/Pa ± 1 dB |
| Nennimpedanz | 150 Ω |
| Ersatzgeräuschpegel (A-bewertet, DIN IEC 60651) | 10 dB |
| Abmessungen in mm | 27 Ø × 176 |
| Gewicht | 135 g |

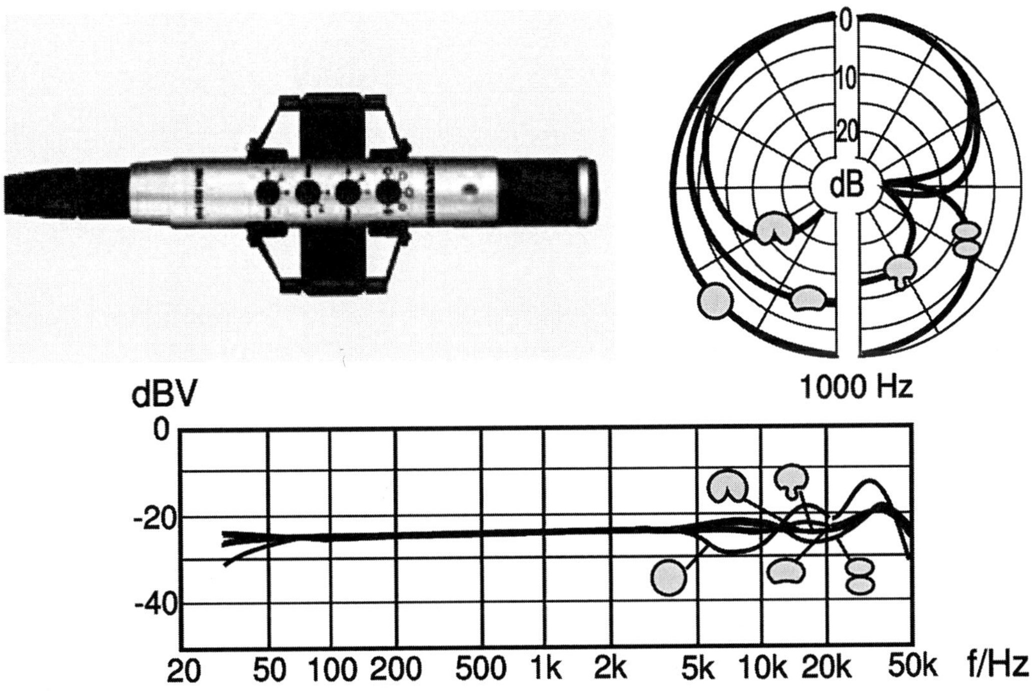


**Abb. 28** MKH 800 (Sennheiser) (Polardiagramms für 1000 Hz). (Foto und Messkurven mit Genehmigung der Firma Sennheiser)

## 6.5    Mess-Kondensatormikrofone

### 6.5.1  Freifeldkapsel 4133

Wegen der sehr unterschiedlichen Anforderungen bei Luftschallmessungen ist das Programm der Hersteller von Messmikrofonen überwiegend modular aufgebaut. Die Verwendung des Niederfrequenzprinzips vereinfacht die Trennung zwischen Wandlerkapsel und nachfolgender Signalverarbeitung. Die dargestellte Kapsel 4133 stammt aus einem Sortiment von insgesamt 17 unterschiedlich spezifizierten Messkapseln (Abb. 29).

Technische Daten 4133

| Richtcharakteristik | Kugel |
|---|---|
| Übertragungsbereich | 4 … 40.000 Hz |
| Freifeld-Leerlaufübertragungsfaktor (1 kHz) | 12,5 mV/Pa |
| Kapselkapazität | 18 pF |
| Ersatzgeräuschpegel (A-bewertet, DIN IEC 60651) | 20 dB |
| Abmessungen in mm(mit Schutzgitter) | 13,2 Ø × 12,6 |

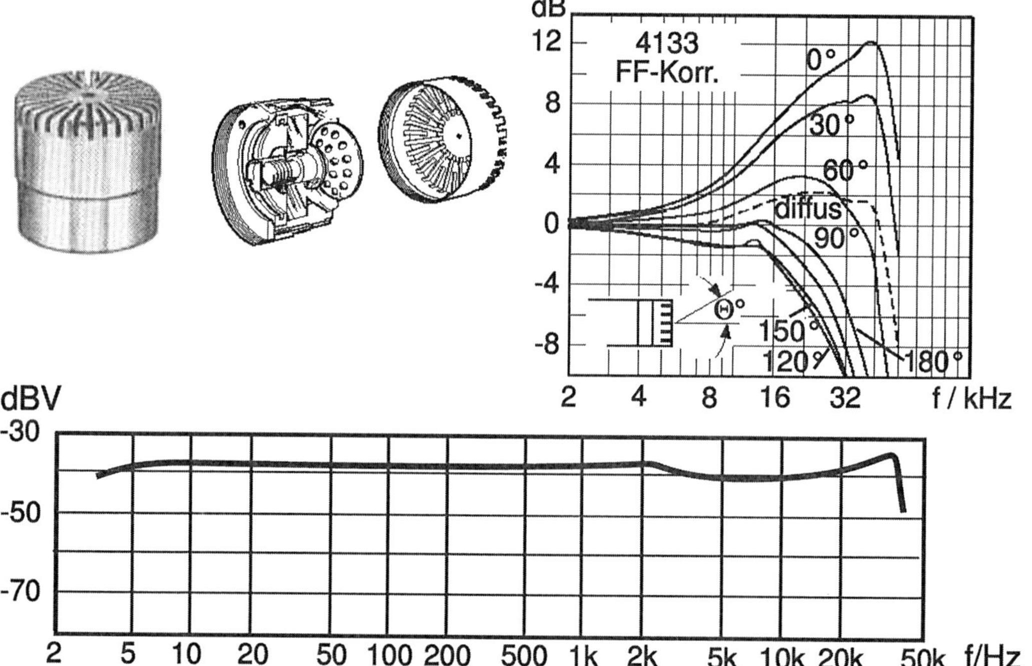


**Abb. 29**  Freifeld-Messkapsel 4133 (Brüel & Kjær). (Foto und Messkurven mit Genehmigung der Firma Brüel & Kjær, DK)

## 6.6 Thermisches Mikrofon Microflown Scanning Probe 0°

Dieser Schnellesensor ist das Basiselement aus einer Gruppe von Messmikrofonen, die auch Kombinationen mit Druckwandlern zur Intensitätsbestimmung und Dreifachanordnungen für simultane dreidimensionale Erfassung enthält. In mikromechanischer Fertigung hergestellte Platinsensoren von etwa 1 mm Länge in Doppelanordnung ergeben eine achtförmige Richtcharakteristik und in Verbindung mit der Auswerteschaltung phasenrichtige Polarität des Ausgangssignals (Abb. 30).

| Technische Daten Microflown 1/2″ | |
|---|---|
| Richtcharakteristik | Acht |
| Übertragungsbereich | 1 … 20.000 Hz |
| Freifeld-Leerlaufübertragungsfaktor (1 kHz) | 100 mV/Pa |
| Störabstand (1 Hz Bandbreite @ 1 kHz) | 92 dB |
| Abmessungen in mm | 12,7 Ø × 130 |
| Gewicht | 40 g |

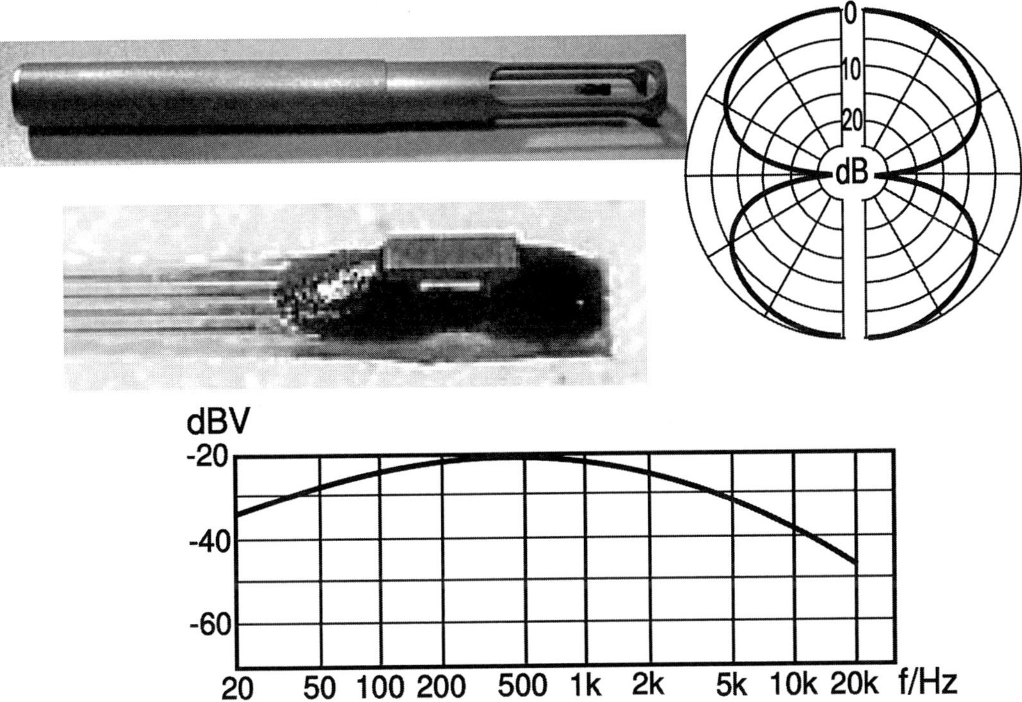


**Abb. 30** Microflown Schnellesensor (Microflown). (Foto und Messkurven mit Genehmigung der Firma Microflown)

## 6.7 Optisches Mikrofon MO 2000

Ähnlich wie bei den thermischen Mikrofonen sind Umsetzungen der vielfältigen Forschungsergebnisse zu marktgängigen Erzeugnissen auch beim optischen Prinzip bisher kaum zu finden. Das mit faseroptischer Intensitätsmodulation arbeitende Mikrofon MO 2000 findet insbesondere Anwendung in Kernspintomografen und in explosionsgefährdeter Umgebung, weil der Sensorkopf wegen seiner Lichtleiterverbindung mit der elektronischen Nachverarbeitung keine Reaktion mit Messmagnetfeldern zeigt und weil auch keine weiteren metallischen Teile oder stromführende Verbindungen bis zum Anschluss eingesetzt sind. Im abgesetzten opto-elektrischen Wandler ist die nachfolgende Verstärkung sowohl um +20 und +40 dB als auch stufenlos mit +15 dB einstellbar (Abb. 31).

| Technische Daten MO 2000 H | |
| --- | --- |
| Richtcharakteristik | Kugel |
| Übertragungsbereich | 20 … 40.000 Hz ± 6 dB |
| Freifeld-Leerlaufübertragungsfaktor (1 kHz) | 15 mV/Pa bei $v = 0$ dB |
| Nennimpedanz (Ausgang MO 2000CU unsym./sym.) | 330/660 Ω |
| Ersatzgeräuschpegel (A-bewertet, DIN IEC 60651) | >50 dB |
| Abmessungen Mikrofonkopf in mm | 12,7 Ø × 38 |
| Gewicht (mit 3 m fester Anschlussleitung) | ca. 40 g |

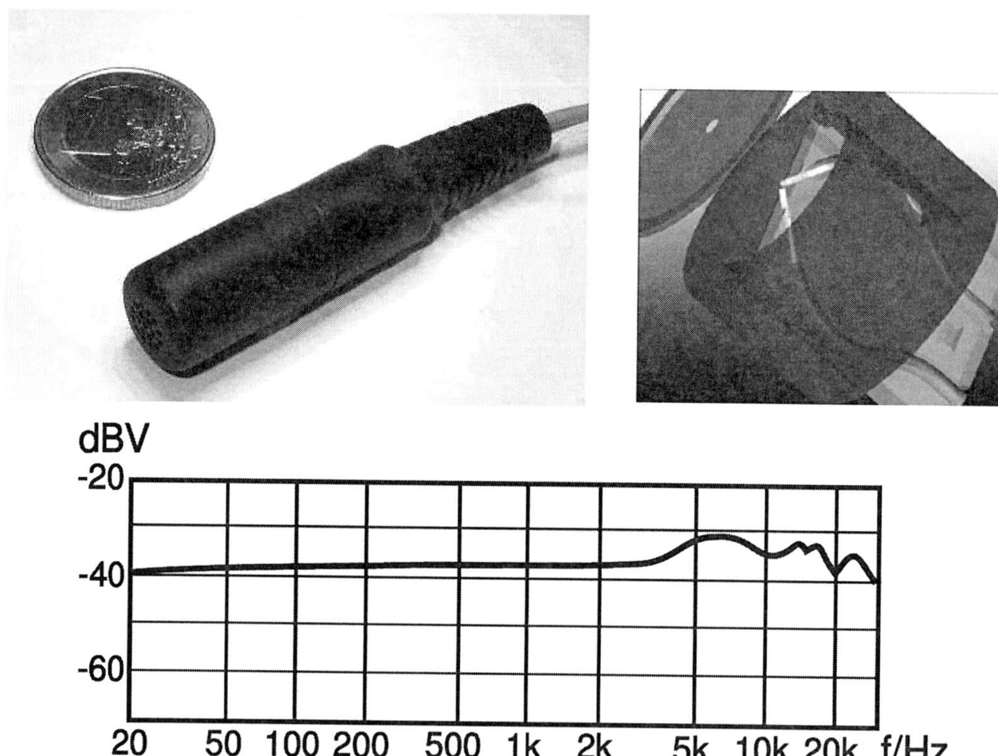


**Abb. 31** Optisches Mikrofon MO 2000 (Sennheiser). (Foto und Messkurven mit Genehmigung der Firma Sennheiser)

## 6.8 Infraschall-Mikrofone

### 6.8.1 Breitband-Hochfrequenzmikrofon MKH 110

Eine Erweiterung des Frequenzbereichs vom Audioband bis weit in den Infraschall hinein wurde durch geeignete Dimensionierung der Schaltung und des akustischen Zugangs zur Membranrückseite beim Hochfrequenz-Kondensatormikrofon MKH 110 und seiner Variante MKH 110-1 erreicht Die Technischen Daten entsprechen dieser Erweiterung und den Möglichkeiten eines Mikrofons mit kleiner Membran (Abb. 32).

| Technische Daten MKH 110 (-1) | |
|---|---|
| Richtcharakteristik | Kugel |
| Übertragungsbereich | 1 (0,1) … 20.000 Hz |
| Freifeld-Leerlaufübertragungs-faktor (1 kHz) | 20 (2) mV/Pa |
| Nennimpedanz | 90 Ω |
| Ersatzgeräuschpegel (DIN 45590) | 31 (47) dB |
| Abmessungen in mm | 20 Ø × 126 |
| Gewicht | 90 g |

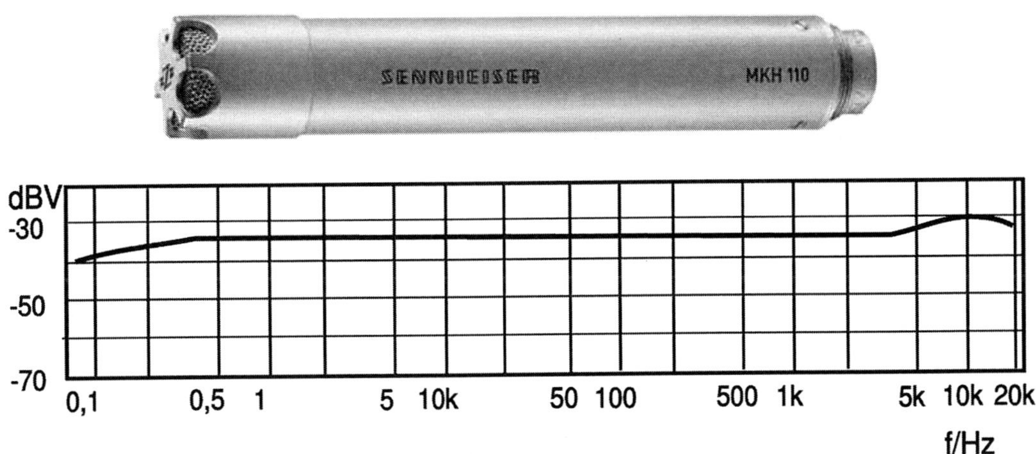


**Abb. 32** Hochfrequenzmikrofon MKH 110(−1) (Sennheiser). (Foto und Messkurven mit Genehmigung der Firma Sennheiser)

### 6.8.2 Tieftonmikrofon Model 50

Für Schallwandlung unterhalb des Audiobereichs darf die Membranfläche erheblich vergrößert werden. Die Wellenlänge der interessierenden Signale beträgt dann 15 m und mehr. Infolgedessen kann das für 0,02 bis 50 Hz einsetzbare Modell 50 von Chaparral Physics mit dem stattlichen Außendurchmesser von 25 cm arbeiten. Der in den Technischen Daten angegebene Übertragungsfaktor sagt wie bei allen Mikrofonen mit elektronischer Verstärkung nichts über den Wandlerwirkungsgrad. Wichtiger für die Aufnahme kleinster Schalldrücke ist der Wert des Eigenrauschens mit einem äqui-

valenten Schalldruck von 5 mPa bzw. 1 mPa je nach Filterbandbreite (Abb. 33).

| Technische Daten Model 50 | |
|---|---|
| Richtcharakteristik | Kugel |
| Übertragungsbereich | 0,02 … 50 Hz |
| Freifeld-Leerlaufübertragungsfaktor (1 Hz) schaltbar | 2 (0,4) V/Pa |
| Nennimpedanz | 150 $\Omega$ |
| Ersatzgeräuschpegel 0,02… 50 Hz (0,5 … 2 Hz) | 48 (34) dB |
| Abmessungen in mm | 250 Ø × 420 |
| Gewicht | 8000 g |

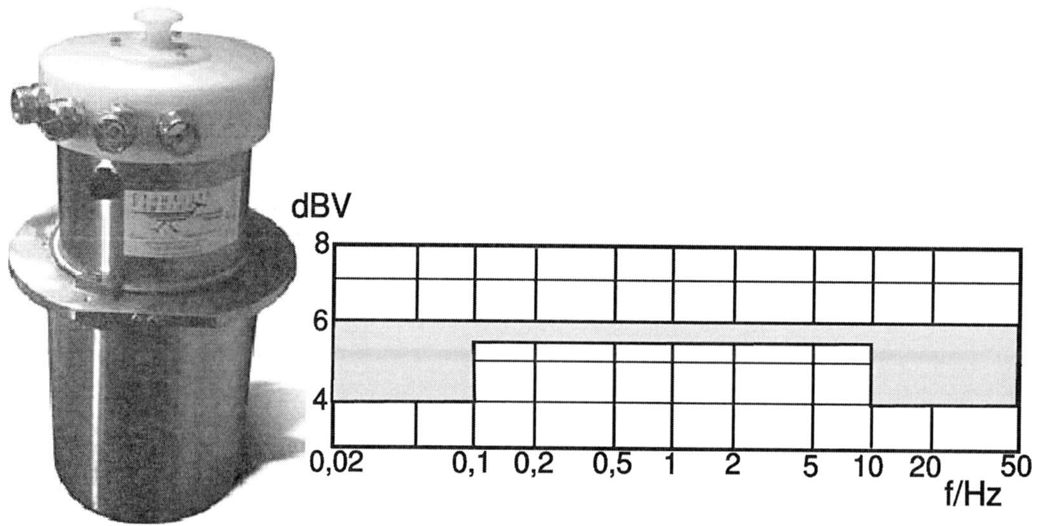


**Abb. 33** Tieftonmikrofon Model 50 (Chaparral Physics). (Foto und Toleranzkurven mit Genehmigung der Firma Chaparral Physics, Copyright University of Alaska)

# 7    Ausblick

Für die Wandlung von Luftschall in elektrische Signale stehen viele industriell gefertigte Mikrofone zur Verfügung, mit denen die meisten Signalparameter mit hoher Genauigkeit erfasst werden können.

Wissenschaftliche Aufgabenstellungen gehen hin und wieder über die Grenzen von handelsüblichen Exemplaren hinaus. Dann entstehen Einzellösungen mit Labormitteln, die oft auf Umsetzungen bekannter Prinzipien mit neuen Technologien beruhen. Hohe Herstellkosten für wenige Nutzer sind die Folge.

Der überwiegende Anteil in Serie hergestellter hochwertiger Mikrofone basiert auf dem elektrodynamischen oder dem kapazitiven Prinzip. Weiterentwicklungen durch neue Werkstoffe und Verarbeitungsmöglichkeiten bei zumindest gleich guten Technischen Daten sind auch durch weltweiten Wettbewerb der Hersteller bedingt.

Den größten Anteil an Luftschallmikrofonen hat schon seit der Einführung der Telefontechnik der Kommunikationsbereich. Für Sprache und mit zufriedenstellender Qualität auch für Musik werden derzeit jährlich viele Millionen Wandler für Mobilfunkgeräte und Smartphones hergestellt. Der Einsatz von Halbleitertechnologie bei der Herstellung (MEMS) erlaubt auch die Vereinigung mit elektrischer Signalverarbeitung auf einem einzigen Chip.

Mit der Digitalisierung des Audiosignals stehen bei leistungsstarken Prozessoren und wachsendem Speichervolumen und zunehmender Miniaturisierung alle Möglichkeiten offen, Wandler, Signalverarbeitung und Tonarchiv weiter zusammenzufassen. Erste Exemplare dieser Art sind bereits auf dem Markt. Darüber hinaus sind selbst automatische Fremdkalibrierungen und weitere gezielt wählbare Beeinflussungen der Eigenschaften denkbar. Der Ideenvielfalt sind keine Grenzen gesetzt.

## Literatur

Normen, Gesetzeswerke und Fachbücher sind Änderungen durch Neuausgaben, Ergänzungen oder Ersatz unterworfen. Im Hinblick darauf sollte bei der Nutzung von Einzelheiten solcher Literaturstellen stets die neueste Ausgabe herangezogen werden.

1. DIN EN 61094-1: Messmikrofone – Teil 1: Anforderungen an Laboratoriums-Normalmikrofone. Deutsche Fassung EN 61904-1: 1994
2. DIN EN 60268-4: Elektroakustische Geräte – Teil 4: Mikrofone. Deutsche Fassung EN 60268-4: 2004
3. IEC 60050-801(1994-08): International Elektrotechnical Vocabulary. Chapter 801 Acoustics and electroacoustics (1994)
4. Technische Anleitung zum Schutz gegen Lärm (TA Lärm) vom 26. August 1998, GMBl. Nr. 26 vom 28.08.1998, S. 503 ff.
5. ISO 3382:Ed.2: Acoustics – Measurement of the reverberation time of rooms with reference to other acoustical parameters. (1997)
6. Muller, G.G., Black, R., Davis, T.E.: The diffraction produced by cylindrical and cubical obstacles and by circular and square plates. J. Acoust. Soc. A. 10(July), 6–13 (1938)
7. DIN EN 61938, Ausgabe 1997-07: Audio-Video- und audiovisuelle Anlagen – Zusammenschaltungen und Anpassungswerte. Deutsche Fassung EN 61938: 1997
8. DIN EN 61094-4, Ausgabe: 1996-05: Meßmikrofone – Teil 4: Anforderungen an Gebrauchs-Normalmikrofone. Deutsche Fassung EN 61094-4: 1995
9. DIN EN 61094-2: Messmikrofone – Teil 2: Primärverfahren zur Druckkammer-Kalibrierung von Laboratoriums-Normalmikrofonen nach der Reziprozitätsmethode. Deutsche Fassung EN 61904-2: 1993
10. DIN EN 61094-3: Messmikrofone – Teil 3: Primärverfahren zur Freifeld-Kalibrierung von Laboratoriums-Normalmikrofonen nach der Reziprozitätsmethode. Deutsche Fassung EN 61904-3: 1995
11. Gesetz über Einheiten im Messwesen. 22.2.1985 BGBl I 1985, S. 408 und Änderungen v. 25.11.2003 BGBl I 2304 und v. 31.10.2006 BGBl I 2407 (Nr. 50)
12. Richtlinie 2004/22/EG vom 31. März 2004 des Europäischen Parlaments und des Rates über Messgeräte, ABl. L Nr. 135 vom 30.04.2004, S. 1
13. DIN EN 61672, Ausgabe 2003-10: Schallpegelmesser – Teil 1: Anforderungen. Deutsche Fassung EN 61672-1: 2003
14. DIN 45657, Ausgabe 2005-03: Schallpegelmesser – Zusatzanforderungen für besondere Messaufgaben (2005)

15. DIN EN 60318-1: Elektrotechnik – Simulation des menschlichen Kopfes und Ohres, Teil 1: Ohr-simulator zur Kalibrierung von supra-auralen Kopf-hörern (1999–2009)

16. DIN EN 60318-3: Elektrotechnik – Simulation des menschlichen Kopfes und Ohres, Teil 3: Akustischer Kuppler zur Kalibrierung von supra-auralen Audio-metrie-Kopfhörern (1999–2009)

17. Gesetz über Medizinprodukte. BGBl I, (1994, 1963)

18. Richtlinie 93/42/EWG des Rates vom 14. Juni 1993 über Medizinprodukte, ABl. L 169 vom 12.7.1993, S. 1–43

19. DIN EN 1060-1, Ausgabe 1995-12. Nicht-invasive Blutdruckmessgeräte Teil 1: Allgemeine Anforderungen. Deutsche Fassung EN 1060-1: 1995

20. Infrasound Technology Workshop, Fairbanks 25.–28. September 2006, Proceedings, Geophysikalisches Institut, University of Alaska, Fairbanks (2006)

21. Daniel, L., Osborne, A.: Myopic history of infra-sound sensors. Proc. Infrasound Technology Work-shop, Fairbanks, Alaska, September (2006)

22. Millner, R.F.: Wissensspeicher Ultraschalltechnik. Fachbuchverlag, Leipzig (1987)

23. Audiobeam. Sennheiser Produktinformation. www.sennheiser.com

24. DIN EN 61842, Ausgabe 2002-11: Mikrofone und Kopfhörer für Sprachkommunikation. Deutsche Fas-sung EN 61842: 2002

25. Vorahnungen zum Fernsprechen und das erste wirk-liche Telephon von Philipp Reis. Nachrichtent. Z. 29, H. 2, S. 102–104 (1976)

26. DIN EN 60118-0, Ausgabe 1994–2004: Hörgeräte, Teil 0: Messung der elektroakustischen Eigen-schaften. Deutsche Fassung EN 60118-0: 1993

27. Eichordnung. BGBl I (1988, 1657)

28. Glos begrüßt die Umsetzung der Europäischen Messgeräterichtlinie. Pressemitteilung des Bundes-ministeriums für Wirtschaft und Technologie vom 22.12.2006

29. IEC 60581-5 (1981-01): High fidelity equipment and systems: Minimum permormance requirements. Part 5: Microphones (1981)

30. Reichardt, W.: Grundlagen der Elektroakustik 3. Auf. Geest & Portig, Leipzig (1960)

31. Telephone und Rufapparate mit magnetischer Gleich-gewichtslage der schwingenden Theile. Siemens & Halske, Deutsches Patent Nr. 2355, 14.12.1877

32. Wente, E.C.: A condenser transmitter as a uniformly sensitive instrument for the absolute measurement of sound intensity. Phys. Rev. **10**(Juli), 39–63 (1917)

33. Sawyer, C.B.: The use of Rochelle Salt crystals for electrical reproducers and microphones. Proc. IRE **19**, 2020–2029 (Nov. 1931)

34. Electro-acoustic transducer. United States Patent 5030872 (1991)

35. Garthe, D.: Faser und integriert-optische Mikrofone auf der Basis intensitätsmodulierender Membran-abtastung, S. 693–696. DAGA, Fortschritte der Akustik (1992)

36. Schneider, U.: Intensitätsmodulierendes faser-opti-sches Mikrofon, S. 689–692. DAGA, Fortschritte der Akustik (1992)

37. Schneider, U., Schellin, R.: Integriert-optisches phasenmodulierendes Mikrofon mit mikro-mechanischem Wandler aus Silizium. Fortschritte der Akustik, DAGA 1993, S. 498 ff.

38. Schneider, U., et al.: Integriert-optisches Silicium-Mikrofon mit Zweiplatten-Wellenleiter als Phasenmodulator. Fortschritte der Akustik, DAGA 1994, S. 589–592.

39. Bree, H.-E. de.: An overview of microflown techno-logies. Acta Acustica **89**(1), 163–172 (2003)

40. Jacobsen, F., Jaud, V.: A note on the calibration of pressure-velocity sound intensity probes. J. Acoust. Soc. Am. **120**(2), 830–837 (August 2006)

41. Mortenson, J.H.: Optical microphone. US Pat. Appl. **6**, 466, 612 (1983)

42. Neubauer, R.: DFVLR, Verfahren und Vorrichtung zur quantitativen Messung von Schalldrücken in Gasen. Offenlegungsschrift DE 3013776 A1 (1981)

43. Bürck, W.: Der Ionenlautsprecher und sein Wirkungsgrad bei tiefen Frequenzen. Funkschau 1952, H. 10, S. 189

44. Warning, P.F.: Neues Studio-Richtmikrofon breit-bandig mit nur einem System. Funkschau 1971, H. 8, S. 219–221

45. Wiggins, A.M.: Unidirectional microphone utilizing a variable distance between the front and back of the diaphragm. J. Acoust. Soc. Am. **26**, 687–692 (Sep-tember 1954)

46. Gerzon, M., Periphony, A.: Width-height sound repro-duction. J. AES. **21**(1), 2–10; (January/February 1973)

47. Andert, T., Simak, E.: Interferenzrichtmikrofon mit berechenbarer Richtcharakteristik. Acustica **53**, 19–25 (1983)